Simple & Delicious Home Cooking

小 家 的 美味料理

輕鬆做出123道

文字◎田次枝
攝影◎黃時毓

清爽涼拌菜 × 健康蛋·豆腐 × 家常麵料理

CONTENT

PART2 健康蛋、豆腐料理

烹飪，因為愛

義大利攝影師 Gabriele Galimberti 每回在篷底下，以維京人招待遠方來客的傳統方式，用柴火烹煮的鹿肉，當時送進嘴裡的第一口實在無法下嚥，但為了禮貌又不能吐出來，只好勉強吞下，卻是滿嘴腥到不行，此時我開始想家，想台灣的新鮮食材，設想這鍋鹿肉如果加了蔥、薑、蒜、酒、醬油、辣椒，應該會比較可口，但來到不可能有這些調味料的北極，能夠吃到煮熟的鹿肉已是萬幸。

啟程飛往世界各國時，祖母關心的不是孫子會碰到什麼危險，而是「你在外面要吃什麼？」因著這樣的愛心，他環遊世界，遍尋各國祖母的料理，名之為「來自祖母的愛心食譜」。

我必須承認我很愛吃也很好奇，無論是中西式餐點都想嘗一嘗，幸而也都在旅遊中嘗遍中國、異國不同風味菜，在滿足吃的欲望下，心中充滿幸福能能量，還能遊覽知名的山川名城，了解在不同文化與環境下，究竟能產生多少美味佳肴？有年在福建廈門開元寺，吃到非常精緻可口、幾能媲美歐美上流餐廳的素食料理，雖已是七、八年前的事，至今卻還念念不忘。十多年前的北歐之旅，則讓我嘗到了當地最名貴的待客菜，那是在大帳

我一位數學老師退休的長青學苑同學，吃了一顆我包的粽子後，追問我這顆粽子成本大約多少？我因為從沒計算過，所以不想回答，但他不死心仍繼續問，最後我說：「你這等於是我，我的愛心值多少，這又該如何計算？」這讓我想到之前閱讀過的一本名為《煉獄廚房食習日記》的

書，作者拋下原來的編輯工作，經歷了慘烈的魔鬼訓練，最後心得卻是：去找出五位奶奶級的人物，組合成一桌佳肴，就是全世界最豐富最美好的珍饈美味了。

每個人隨時隨地都能觀察大地生長的動、植物，有一年全家到屏東海生館出遊，進入人工海洋隧道，只見大小魚兒游來游去，我告訴女兒這隻用來清蒸，那隻用來紅燒，另外那隻可以吃生魚片，女兒聞之詫然，這麼充滿教育意味的展館，你也想得到吃？沒錯，我連爬山時，也在尋找野菜，如蕨類、山蔬、黑葉子、野菜之類，連芒草心，檳榔心都可以用來做菜。

此次要感謝太雅出版社總編輯張芳玲小姐，重新彙整我十幾年前出版的家傳食譜，事實上，直到目前我還是用這些作法來招待我的朋友，原因是簡單、可口、放心，還有古早味，其中只有台中才吃得到的大麵羹，是戰後物資缺乏年代，在路邊攤經常能吃到的便宜食物，現在也幾乎快消失了。飲食文化改變得很快，多年來美式速食興起，熟食取得方便，大家越來越懶得花時間烹飪，年輕人在速食店、便利商店吃的是泡麵、炸雞、薯條，讓我不禁憂心忡忡，他們這樣吃健康嗎？

比起相當便利舒適的大賣場，擁擠而舒適度欠佳的傳統市場仍是我的最愛，在那裡，我做菜的細胞會特別活躍，一邊思考菜單裡的食材，一邊像尋寶一樣，買齊所有需要的新鮮便宜食材，又能跟攤販們聊上幾句無傷大雅的話題，如果傳統市場能跟上歐美傳統市場的衛生管理水準就更理想了。

傅培梅大師在自傳裡提及喜歡學做菜的人，多數有顆想要巴結人的心，我也是。每當子女、孫女回家時，也就是我上傳統市場的日子，我願意冒著大熱天清洗蔬菜，處理肉類海鮮，做些他們喜歡吃的料理，媽媽的味道，好安慰我一顆不安的心。

作者簡介／ 田次枝

做菜超過五十年經驗，說到烹飪，不但有天分，也要求完美。走過許多大都市，嘗遍美食，不管是大飯店或是街頭小吃，只要吃過一次，任何獨門配方別想逃過她的敏銳味蕾。

喜歡研發各式各樣的菜色，「把東西變得更好吃，就能拉近距離。」看到許多人用餐時只考慮到個人偏好，卻忽略均衡飲食，以致營養失調，滋生出各式各樣的文明病，殘害身體健康而不自覺。而如何讓家人吃的健康、安心，就是她最重要的使命。

「不要把做菜想成一件艱難的事。」只要帶著對家人的那份關愛，自然就會做出家人喜歡的料理。家裡有一個會燒菜的人，就會促進家庭的親情互動，每當看到家人在餐桌上吃得滿足的樣子，聽聽大家在餐桌上分享今天的生活，就是最簡單的幸福。

本身對於做菜有高度的熱忱，在不斷的創新與變化中，希冀能夠在兼具美味與健康的前提下，做出最受歡迎的菜色，並將這一番好滋味傳承下去。

必備調味料

醬汁

魚露

用法 炒青菜、蒸蛋、豆腐
注意 灑幾滴即可

鮮味露

用法 燒豆腐、煮麵食、炒菜等
注意 拌的時候一起灑進去

鰹魚醬油

用法 日式料理、涼拌
注意 建議當沾醬比較有味道

香菇柴魚醬油

用法 涼拌、做菜時
注意 當沾醬的醬汁底

蠔油

用法 炒菜、涼拌、紅燒，用途很廣
注意 適合食材單純時使用，才能顯出蠔油的鮮美

白醋

用法 涼拌、燒魚
注意 只要灑幾滴就夠了

果醋

用法 涼拌
注意 甜味較重，適合海鮮或水果類

本頁圖片攝影／林孟儒。紫蘇梅圖片攝影／黃時毓

調味油、調味粉

橄欖油

- **用法** 涼拌或者菜燒好時，點個幾滴
- **注意** 大概 5、6 滴，不然會過膩

紹興酒

- **用法** 醃製肉品、螃蟹、燒魚、東坡肉裡的最佳配料
- **注意** 用於醃肉時，只要拌點進去醃就行

胡麻油

- **用法** 炒菜或者燉補品時，涼拌也適宜
- **注意** 提味用，不宜多

香油

- **用法** 用途很多，醃、炒、拌、淋在菜看上
- **注意** 上桌前灑個幾滴

醬油膏

- **用法** 煮湯或煮麵食類、包餡時都需要它
- **注意** 要拌勻，否則遇潮會結塊，一口吃到會很嗆

芝麻海苔鬆
- **用法** 涼拌菜或者灑入豆腐煲裡都可以
- **注意** 食用前灑，海苔才會酥酥香香的

黑胡椒粒

- **用法** 醃菜、提味
- **注意** 上桌前灑一點在料理上即可

米酒

- **用法** 醃肉、去腥
- **注意** 料理米酒本身就有鹽分，所以鹽巴可以視情形少放一點

白胡椒粉

- **用法** 煮湯或煮麵食類、包餡時需要它
- **注意** 要拌勻，否則遇潮結塊，一口吃到會很嗆

紫蘇梅

- **用法** 涼拌、燒魚、肉都適合
- **注意** 酸酸甜甜，可以增加口味層次

本頁醬膏類圖片攝影／林孟儒

醬膏

芝麻醬
用法　涼拌、拌麵
注意　請與少許涼開水攪拌

辣豆瓣醬
用法　炒菜、燒豆腐、做
　　　川菜料理、紅燒牛
　　　肉時用得最多
注意　加太多會變得很鹹

番茄醬
用法　涼拌、沾食用
注意　當沾醬時可以
　　　加開水比較好
　　　沾

果糖
用法　直接與其他調味
　　　料混和
注意　只要放一些提味
　　　即可

味噌
用法　做調味醬、煮湯
注意　放熱水中融化就可以加
　　　入調味了

鮮味粉
用法　炒菜、煮湯時
注意　提味用，不宜放多，較能保
　　　持食材原本的鮮味，也可用
　　　味精取代

咖哩
用法　燴、炒、拌都適合
注意　在熱水中溶開咖哩塊再倒入
　　　料理，比較容易均勻

本書度量標準

1碗水

一般飯碗8分滿

1湯匙

中型湯匙，1平匙

1茶匙

小茶匙，1平匙

本頁削皮刀、電鍋、食物剪刀圖片攝影／林孟儒

必備烹調道具

小湯鍋

煮、燙、泡，全靠它。

削皮刀

適合削皮比較薄的，如果是大頭菜、花椰菜這種又硬又厚的皮，還是用刀削會比較好。

小碗

除了用來吃飯，也可以當水的計量器，還可以用來拌醬汁、盛裝醬汁、裝小菜，必要時還可以當模子。

電鍋

蒸食材。如果沒有微波爐但需要快速解凍時，可以利用電鍋，熱鍋後放進去稍微蒸一下，也有解凍的效果。

水盆

洗食材、冰鎮，也可以當拌菜的大缽。

筷子

筷子可以用來攪拌、甚至是切割較軟的食材，如煮好的蘿蔔、馬鈴薯等，也可以用來代替打蛋器。

紗布

擠水的必備道具。

食物剪刀

可以當菜刀用，剪螃蟹、剪海菜。只要不是很講究刀功，能切成一段段的，都可以用剪刀剪，嚓嚓嚓就剪完了。

本頁炒鍋、濾網、菜刀、大湯鍋圖片攝影／林孟儒

刨刀

根莖類蔬果切細絲時，利用刨刀削一削，比用刀切還快。而且這樣削出來的絲很薄，容易入味。

湯匙、茶匙

除了用來計量、攪拌，還可以用來挖洞，塞餡料。要挖大洞用大湯匙，小洞就用小茶匙囉。

濾網

撈食材、瀝乾，油炸的食物也可。

炒鍋

爆香、炒配料，烙餅、烘蛋，炒完加水、加高湯煮成湯，空間也很足夠。

菜刀

只要切菜，都用的上。

小刷子

沾點橄欖油，塗在碗裡或模型內側，這樣定型後要扣盤時，比較好扣、形狀也會比較美。

牙籤

固定、包裹食物，挑蝦子的泥沙都用得到。

尖刀

輕巧靈活，刀片薄、前端尖，適合切易碎食材，如蛋、豆腐。

大湯鍋

煮、燙、泡，全靠它。

桿麵棍

把餃子皮桿成小型蛋餅皮，就靠這一根。

平底鍋

煎蛋皮、豆腐都很好用。

磨泥器

磨蘿蔔等根莖類食材，磨成泥狀與調味料一起拌。

叉子

挖蟹肉的最佳工具，連細小角裡的碎肉都能挖得乾乾淨靜。

打蛋器

蛋料理的必備工具，特殊的鐵圈設計，可以輕鬆地將空氣打進蛋裡，很快就能打成泡。

蒸籠

易碎、不用翻炒的食物，直接加調味料後放蒸籠，味道清香、形狀也會很漂亮。

麵杓

特別為撈麵條而設計的，在杓狀的器具四周，有長突起，可以把麵條抓住，不會滑溜下來。

鍋鏟

炒菜時絕對少不了它。

漏杓

比濾網的漏洞大，用來撈食材、瀝乾，適合瀝乾較大塊的食材或麵條。

鍋蓋

煮硬的麵條或是需要長時間燉煮的時候，蓋上鍋蓋有稍微加壓的效果，可以讓東西更快煮透。

必備盛裝容器

01 方陶盤
有個性、不做作,事實上卻是相當貼心的陶器性格,打破一桌子圓溜溜的格局,搶盡桌上風采。

02 彩色盤
純粹的綠、純粹的橘,加點色框,不管是辦家家酒還是辦party都很適合。

03 白色盤
整齊劃一、由大到小一個疊著一個,不論裝什麼食物,都能扮演適合的角色,不搶鋒頭卻更能襯托出食物的美味來。

04 陶盤
古意的味道,讓人想心平靜氣地坐下來,享受一段美好的用餐時光。

01

02

03

04

深盤
Plate

01 陶盤

厚實的陶土，溫柔地捧著美食在手心，柔和的色澤，讓人邊吃著心也跟著溫暖起來。

02 白磁盤

簡單乾淨，適合盛裝也同樣收斂的菜色，素雅乾淨，營造出內斂的優雅氣氛。

03 彩色磁盤

特別的圖騰，對比的色彩，非得放進同樣精采的涼拌菜，相互爭豔，令人也想趕快參一腳。

01

02

03

鉢
Bowl

01 透明小鉢
放些小乾果、花生米，玻璃的小鉢讓涼拌顯得更清涼了，讓人忍不住想把色彩鮮豔的甜椒、酸酸辣辣的番茄蝦仁、甜甜香香的水果優格，放進去當裝飾品。

02 大鉢
大鍋菜就一起拌著和著，把所有好吃的東西都放進去也沒問題，放在美麗的大鉢裡，攪拌均勻時也就是整道菜完成的一刻，開動囉！

03 大、小碗
裝菜、裝飯、裝調味醬，都很好用。可以用來攪拌，也可以用來分裝大盆裡的食物，熱熱鬧鬧地大夥兒一起吃。

01

02

03

Refreshing
salad dishes.

\Part 1/
清爽涼拌菜料理

涼拌菜簡單易做，沒有油煙、

不必熱汗淋漓，可以減肥、養顏美容。

不僅清爽不油膩，除了當前菜、小菜，也能登大雅之堂。

少了繁複的料理步驟，山珍海味只要燙燙切切拌拌，

淋上特製調味料，就是一桌好菜！

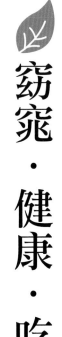

窈窕・健康・吃涼拌

涼拌菜，顧名思義就是夏天的最佳良伴。多數人在夏天胃口較差，更不想吃熱騰騰、油膩膩的食物！此時做盤涼拌菜正恰到好處，本篇介紹的是極簡單易做，不需花太多時間就能做出的涼拌菜。你可以運用巧思，配合自己的口味，以各式各樣美妙的味覺與視覺變化，做出色香味俱全的菜肴。

近年來，生機飲食的概念漸漸地受到國人重視，身為掌廚人的我也不斷地在找尋各種食材調配，希冀能夠在兼具美味與健康的前提下，做出最受歡迎的菜色。大家也知道健康的身體首重營養均衡，兒童、青壯年、老年等年齡層都有不同需求，只是現在外食人口眾多，就算不在外用餐，直接購買熟食的人也大有所在，但許多人用餐時只考慮個人的偏好，卻忽略了飲食中所含的各種營養素，以致於營養失調，滋生出各式各樣的文明怪病，長期殘害身體的健康卻不自覺。

台灣的夏季如此漫長，在炎炎夏日裡，為了怕身體過度燥熱，我們可以用食物來作涼補，這時候「涼拌菜」就發揮了最大功能，當令盛產的蔬果正是食材的最佳來源；盛產時，不但價格便宜，且品質優良，可在傳統市場、大賣場、超市隨時購得。為了怕農藥仍殘留在蔬果上，洗滌時請先泡水二十分鐘，再沖洗兩遍，但不宜泡太久，以免維生素流失，洗後瀝乾時用乾布或紙巾吸乾，也可用涼開水沖過，為免讓病毒侵入人體，料理時一定要養成良好的衛生習慣，這也是我們最要注意的重點之一。

涼拌菜，一向在宴席上頗受歡迎，因為大魚大肉吃膩了，配上幾碟小菜便覺清爽無比，生活的品質得靠自己去經營，健康的身體也有賴自己維護，與讀者共勉之。

掌握刀工訣竅

涼拌，除了挑選新鮮的食材之外，怎麼切，也是一門學問。要大小適口、吃起來爽脆，就關乎蔬果肌理怎麼適時切斷、該去除的筋與皮，一定不能馬乎。只要掌握訣竅，一把刀就能全部搞定！

圓片

時機 通常是為了配合整道菜的美觀做的一點巧思，增加視覺變化。不過切得薄一點，能更快入味，口感也會顯得更滑潤。

對象 適合切像小黃瓜這類成圓棍狀的食材，只要按著剖面切薄片，就切出圓片來。

切法

直接從橫切面切成薄薄的片狀。

小丁

時機 適合與豆類或細小食材一起烹調時的切法，同等的大小可以讓口感一致，視覺上也有繽紛效果。

對象 根莖類的蔬果。

切法

1 直剖對切。

2 再切成約2公分長條狀，整齊疊好。

3 轉90度切成2公分的小丁即可。

滾刀切塊

時機 通常會切成適口大小，一方面較扎實耐煮，一方面也比較能呈現出食物的原味原貌。

對象 大芹菜、小黃瓜等根莖類蔬果。

切法

1 切成條狀後，右手拿刀，左手拿食材，以與纖維紋路成45度的方式切成適口大小。

2 切完一刀，只滾動你的左手轉90度再切第二刀，再轉90度繼續切，用規則的圓筒切成不規則的圖樣。

切絲

時機　通常與其他條狀食材如金針菇等，一起烹調時使用。

對象　幾乎所有蔬果都適用。

切法

1 整顆菜時：直接整顆對切，然後沿著剖面繼續直接切成細條狀。

2 小型蔬果：可以先拍扁，再逐一切成1公分的細絲。

3 條狀蔬果：先切成5公分的長條，再以刀尖輕劃切斷成細絲。

切段

時機　通常適用於蔥蒜等，一起燉煮比較能保持香氣，若用於排盤，也較美觀。

對象　如蔥、蒜等長條型香料食材。

切法

1 先以菜刀拍扁。

2 與纖維紋路成90度切成5公分長段。

切末

時機　通常是為了當拌料、或是與沾醬搭配時。

對象　如蔥、蒜、薑、辣椒等香料食材。

切法

1 先拍扁切成段。

2 以刀尖輕劃切斷成細絲。

3 剁得細細的就叫「末」。

食材事先處理好

涼拌的祕訣，就是新鮮。吃起來要爽口，該脆的要夠清脆、該滑的要夠軟滑。某些特定的食材，必須經過事前處理，才能讓涼拌菜的口感以及入味狀態，達到最好的效果。

蒜頭

多吃蒜頭有益健康、防感冒，不過記得先以刀背輕拍，讓外膜裂開，把膜去掉後再切碎料理。

海鮮

一定要把黏膜去掉、洗淨，然後煮熟。

如果想讓海鮮煮熟之後會捲出美麗的花紋，汆燙前先以刀尖輕劃出交叉的紋路，這樣煮熟捲起來的海鮮，就會開出漂亮的格子花了。

料理蝦子前，需先以牙籤挑出背上的泥條。

小黃瓜

為了讓醬料入味，切成小段後的小黃瓜，需以刀背輕拍裂開。

蔬果

要先去皮，如果是外皮纖維較粗的，以刀子從根部輕輕切入，然後撕起外皮，這樣口感會比較好。

汆燙火候要剛好

除了挑選食材時要留意新鮮度與成熟度之外，有些需要事前汆燙的，就是考驗火候的掌握了。汆燙是有技巧的，要熟，但不能太熟；要脆，但也不能半生不熟，燙得好，等於做成了一盤好涼拌。

水要多、要滾

要高過食材，這樣才能將整個食材一起燙熟，也省卻不停翻攪的功夫，燙出來才漂亮可口，不會散散糊糊的。

先有無色後有色、先無味後有味

下水時機　水完全煮開後，才依序放入材料。一次不能放太多，否則水溫驟降，等重新煮沸，食材就煮爛了。 一鍋水可以重複燙，但是記得一個口訣「先有無色後有色、先無味後有味。」深色蔬菜一定比淺色蔬菜慢燙，魚肉一定又比蔬果後下水，這樣才能保持各種材料的色澤與風味。

撈起時機　**熟就撈起，不變老**

1 蔬菜類易軟，下水大約10秒就可以撈起來。

2 葉梗子永遠比葉子早下水、晚撈起。（晚，也只是幾秒鐘而已，不要燙太久，脆脆的才好吃。）

3 馬鈴薯、蘿蔔等根莖類，可以用筷子戳進去，軟軟的就表示好了。

4 肉類要燙久一些，試著切開，沒有血水流出即可。

燙後要冰鎮

汆燙後馬上用涼水泡著，保持甘脆，也比較不易變色。 有些食材冰鎮後要撈起來，瀝乾水分，用吸紙吸乾水分。

什麼時候吃涼拌？

誰說涼拌是夏天的專利？雖然涼拌菜幾乎不過火，但別小看它，也能登大雅之堂呢！好吃的涼拌菜，令人忍不住夾了一筷子又一筷子。只要洗洗切切燙燙拌拌，就能吃到它清脆原汁的口感。

雖然過程簡單，但是，要吃到好吃的涼拌菜，究竟還有什麼是要注意的呢？怎麼樣才能吃得健康又安心？什麼時候最適合做點涼拌來吃呢？

這樣做，最健康

1. 東西要洗淨：尤其是菜葉間隙縫，以及刀、砧板、容器等，因為是生食的關係，不會有加熱殺菌的手續，所以東西一定要洗乾淨。

2. 殺菌調味料：吃涼拌時的醬料，多半會加上薑、蔥、蒜、辣椒、醋等等，除了是要增添風味之外，事實上還具有殺菌的效果。

3. 現做馬上吃：現做現吃，除了可以保持口感爽脆，也能讓食物新鮮、不會出水、更不會滋生細菌。

4. 肉類要煮熟：除了有些蔬菜要先燙過之外，如果有肉類要拌在其中，一定要煮熟。

來點下酒菜吧！

跟家人聊天、朋友相聚，倒杯小酒或泡杯茶，搭配下酒菜，不僅清涼脾肚開，更讓聚會氣氛輕鬆自在。

▌ 這時候適合 ▌

嗆蟹

夏末秋初時花蟹正肥，醃製幾隻招待親友，適合小酌陳年紹興、花雕酒、黃酒等等。

香辣花生

百吃不厭，可多做一些放在密封罐裡，隨時取得。

椒麻雞

四川口味，辣辣麻麻，重口味的人會特別喜歡。

涼拌海蜇皮

海蜇皮略帶海腥味，處理時可用米醋泡幾分鐘。海味十足，下酒配菜十分爽口。

涼拌白菜心

很爽口，會不自覺的多吃幾口。

三味豆腐

是一道老少咸宜的涼拌菜，不須咀嚼、入口即化。

來點開胃菜吧！

好吃的開胃菜，不僅讓人食指大動，還能促進食欲，更是銜接主菜的重要角色，為今日的用餐開啟序幕，讓人更期待主餐的美味。

∙∙∙∙∙∙∙∙∙∙∙∙∙∙∙∙∙∙∙∙∙∙∙∙∙ ▌ 這時候適合 ▐ ∙∙∙∙∙∙∙∙∙∙∙∙∙∙∙∙∙∙∙∙∙∙∙∙∙

醃糖蒜
可以使人增加免疫力的最佳健康食品。

涼拌牛蒡
相當高纖維的一道食材，消化不良的人，多吃有益。

泡菜
非常開胃，春天的時候家家戶戶都該製作一盤嘗嘗。

涼拌三絲
顏色鮮豔，為餐桌增添色彩。

涼拌海鮮
夏日的饗宴，讓味覺的觸角伸入熱情的南洋。

蓮藕
夏季裡身體容易燥熱，食後清爽無比。

來點減肥菜吧！

蔬菜、水果的酸甜滋味，吃了讓人心情好、口欲滿足，其賦含豐富的纖維質與營養素，做成涼拌菜也無負擔，低熱量更有助於瘦身。

•••••••••••••••••••••••••••••| 這時候適合 |•••••••••••••••••••••••••••••

百香果拌大頭菜

酸甜的滋味，有如吃水果般的感覺，多吃也令人放心。

豆芽菜

蕎麥芽＋黃椒＋紅色辣椒，美麗的色彩吸引人嘗試。

涼拌芹菜

低能量高纖維，翠綠清爽，價格便宜。

苦瓜

夏日的蔬果，降火氣又養顏美容，搭配紫蘇梅甘甘甜甜。

涼粉黃瓜

家常菜當中最常出現的一道涼拌菜，百吃不厭。

涼拌果菜

具有清毒功能喔！高纖維有助排便，是減肥的最佳良伴。

來點養生菜吧！

涼拌本身少烹調，保持食物原有營養，也較不油膩，就有食補效果。搭配許多具有顯著療效的食材，一邊吃著、一邊也覺得身體更健康了呢！

┃ 這時候適合 ┃

涼拌山藥枸杞

這樣料理山藥，就像吃水梨般的可口，具有涼補的功效。

花椰菜蟹條

營養學家及醫學家發現，花椰菜能抑制癌症。

山蘇百合

美麗的組合，養顏美容一舉數得。

香蕈涼拌

各種蕈類，讓營養的吸收更多更容易。

綠茶蒟蒻

綠茶芳香、蒟蒻沒有膽固醇，多吃不會長胖。

五福臨門

顏色鮮豔、各種營養素都在裡面，均衡又健康。

CHAPTER 1

涼拌小菜

嘴饞的時候，只是想來那麼幾筷子，
在酷熱的盛暑季節，吃膩了大魚大肉，隨手做點小菜下飯，
低卡、營養又開胃。

香辣爽脆速成泡菜

高麗泡菜

4人份

Point

速成泡菜簡單又方便，尤其是高山高麗菜不用果糖，也帶甜味，清爽可口。

1

2

3

4

材料

高麗菜	半顆
辣椒	2支
香菜	2支

調味料

鹽	2湯匙
醋	1湯匙
果糖	1茶匙
橄欖油	少許

作法

1 高麗菜沖水洗淨，切長條放一缽子中，灑鹽醃30分鐘。

2 醃一段時間後，用手搓揉，使菜的水分脫出。

3 放置30分鐘後，用手緊捏，去掉水分瀝乾。

4 辣椒切粒與調味料拌勻後，倒入高麗菜於缽子中均勻調拌入味，食用時加入香菜段即可。

材料

小黃瓜 ·············4條
綠豆粉皮 ·········4片
辣椒 ·················1支
大蒜 ·················4粒

調味料

麻油 ·················1湯匙
蠔油 ·················1湯匙
果糖 ·················1茶匙
鹽 ·····················1茶匙
橄欖油 ·············1湯匙

作法

1 小黃瓜洗淨擦乾,切長條4公分後,用刀背拍打,去掉籽籽。

2 粉皮切條狀,辣椒切粒,大蒜拍碎切成末備用。

3 將黃瓜拌上所有調味料拌勻,醃漬一下。

4 加入涼粉拌勻,加上橄欖油,讓涼粉不沾黏,口感更好。

1

3

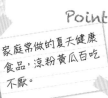
4

4人份

涼軟透心甜

涼粉黃瓜

Point

家庭常做的夏天健康
食品,涼粉黃瓜百吃
不厭。

香絲牛蒡

4人份

Point

牛蒡味道清香，放點辣油當成下酒菜，非常可口。

1

2

3

4

材料

牛蒡 ……………… 1條
香菜 ……………… 2支
熟白芝麻 ………… 酌量

調味料

醋 ……………… 1茶匙
果糖 ……………… 1茶匙
鹽 ……………… 1茶匙
醬油膏 ………… 1茶匙
香油 ……………… 1.5茶匙

作法

1 牛蒡洗淨削皮，切成絲。

2 放入滾水中煮，2分鐘後撈起，瀝乾水分。

3 調味料全部和在一起拌勻，與牛蒡絲均勻攪拌入味。

4 香菜切段加入拌好的牛蒡絲，盛入盤中撒下白芝麻。

材料

苦瓜 ……………… 1條
紫蘇梅 …………… 8顆
櫻桃 ……………… 2粒

調味料

橄欖油 ………… 2湯匙
鹽 ………………… 1茶匙
香油 …………… 1茶匙

作法

1 苦瓜洗淨，去籽。

2 將苦瓜放入滾水中煮，2分鐘後撈起放涼。

3 苦瓜切成薄片，加入鹽巴醃漬10分鐘。

4 用手搯乾水分。

5 將紫蘇梅的籽去掉，果肉切成丁狀與苦瓜、橄欖油合拌一起即可盛盤。

1

2

3

4

4人份

甘苦酸甜人生味

蘇梅苦瓜

Point

苦瓜可以清火，但因為帶有苦味，小朋友不喜歡吃，透過這樣的料理變化，就會吸引不少人去嘗試它。

泡菜茄子

4人份

Point

茄子蒸好後放進冰箱可以保持色澤；另一種入油鍋炸的吃法，顏色會更鮮美。

1

2

3

4

材料

茄子……………2條
紅蘿蔔………1/2條
白蘿蔔………1/2條
小黃瓜…………1條

調味料

橄欖油………1湯匙
醋………………1湯匙
鹽………………1茶匙
果糖……………1茶匙
香油……………1茶匙

作法

1 茄子洗淨後，擦乾切段，約5公分長，再從中間劃一道，半剖。

2 將茄子放入蒸鍋蒸約10分鐘，排盤備用。

3 紅白蘿蔔、小黃瓜洗淨後，全切成小丁粒，用鹽醃20分鐘後捏乾水分，加入調味料。

4 把醃好的材料塞進蒸好的茄子裡，排盤後淋下香油就好了。

材料

乾洋菜 ………… 1/2包
洋火腿 ………… 1包
小黃瓜 ………… 2條
大蒜 …………… 3粒

調味料

鹽 ……………… 1/2茶匙
果糖 …………… 1/2茶匙
醋 ……………… 1茶匙
蠔油 …………… 1茶匙
麻油 …………… 1茶匙
辣油 …………… 1茶匙

作法

1 乾洋菜在冷開水中泡2分鐘撈起，擰乾。

2 把洋菜切成5公分長，洋火腿切絲，大蒜切成碎粒。

3 將切好的小黃瓜絲、洋菜、蒜粒與洋火腿加上調味料和在一起，就完成囉！

4人份

綿密蓬鬆絲絲香

洋菜三絲

Point

現做現吃最好，如果過一會兒才吃，先不要把食材與調味料和在一起，等要吃時再拌勻，以免黃瓜變軟，口感就不好了。

香辣花生

夠味下酒菜

材料

熟花生(脆)1碗、辣椒2支
香菜3支、大蒜3個

調味料

香油酌量、鹽酌量、醬油1大匙

作法

1 用大拇指與食指夾住花生，用力搓一下，將花生去皮。

2 辣椒、香菜洗淨均切成粒狀，大蒜切成末。

3 材料與調味料混合拌勻，就完成囉！

Point

最對味的下酒菜，喜歡辣的可以多放點辣椒，別有一番風味。

香辣劍筍

香辣爽口滑嫩入喉

材料

劍筍半斤、辣椒1支
青蔥2支、大蒜3粒

調味料

辣豆瓣醬1湯匙
橄欖油1湯匙、鹽少許
麻油1茶匙、果糖1/2茶匙

作法

1 將每支劍筍以指尖一一剝成兩半。

2 放入滾水中，小火煮20分鐘後撈出放涼。

3 辣椒、青蔥洗淨切絲備用，大蒜切細末。

4 將調味料與劍筍拌合均勻即可。

Point

一盤香辣劍筍使人齒頰留香、回味無窮！

材料

山蘇 ……… 150公克
百合(新鮮) ……… 1球
枸杞 ……… 20粒
薑末 ……… 1茶匙
白芝麻 ……… 少許

調味料

橄欖油 ……… 2湯匙
蠔油 ……… 1湯匙
鹽 ……… 少許
果糖 ……… 1茶匙

作法

1 山蘇與百合洗淨後,熱水汆燙3分鐘撈出。

2 將山蘇切成適口小段,並枸杞泡涼開水過濾一下,撈起瀝乾。

3 先將調味料混合調勻加上薑末拌合,再與百合、枸杞一同拌勻,最後灑上白芝麻即可。

1

2

3

4人份

固胃解毒又明目

山蘇百合

Point

漂亮的顏色,鮮美的口感,令人食指大動。

材料

干絲 ………………… 4兩
紅蘿蔔 ………………… 1小條
芹菜 ………………… 3支

調味料

醬油 ………………… 1茶匙
香油 ………………… 1茶匙
蠔油 ………………… 2茶匙
橄欖油 ………………… 1湯匙
小蘇打粉 ………… 1茶匙

作法

1 干絲用2碗水泡小蘇打粉。

2 泡20分鐘後沖水洗淨。

3 燒一鍋水煮干絲至軟，約需10分鐘，之後撈出放涼。

4 紅蘿蔔、芹菜洗淨切絲、切段。芹菜汆燙後撈出放涼，與大蒜末一同與調味料拌勻即可。

1

2

3

4

Point

雖然是一道極為普通的涼拌菜，但干絲處理的方法相當重要。泡小蘇打水是為了讓干絲較軟嫩，程序不可少。

4人份

另類蔬菜麵點

涼拌干絲

耳朵Q松子香

涼拌白菜心

Point

這是一道下酒的好菜,爽口又好吃,色香味俱全。

材料

山東白菜	半顆
松子	2兩
蒜苗	1支
豬耳朵(滷熟的)	酌量
香菜	2支
辣椒	1支

調味料

鹽	1茶匙
果糖	1茶匙
砂糖	1茶匙
醬油膏	2湯匙
醋	2湯匙
橄欖油	2湯匙

作法

1 白菜洗淨後,剝成一瓣瓣,削掉葉子取其梗,並把菜梗切絲。

2 沖洗松子、瀝乾,用慢火炒香,熄火後撒下砂糖翻炒均勻,放涼備用。

3 辣椒、蒜苗、豬耳朵材料洗淨、切絲,香菜切段後放一缽子中。將調味料加入,與食材調勻拌和入味,盛入盤中後撒下松子,就完成了。

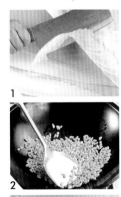
1

2

3

材料

綠豆芽 ············ 半斤
蕎麥芽 ············ 1碗
黃椒 ·············· 1顆
辣椒 ·············· 2支

調味料

香油 ·············· 2茶匙
醋 ················ 2茶匙
醬油膏 ············ 1茶匙
果糖 ·············· 1茶匙
鹽 ················ 酌量

作法

1 摘掉綠豆芽的鬚根，去除土味。

2 將綠豆芽用開水汆燙一下即可撈出、瀝乾。

3 黃椒、辣椒洗淨切絲，蕎麥芽用冷開水泡5分鐘後撈出瀝乾。

4 所有的食材加在一起，淋下調好的調味醬，醬與食材拌入味即可上盤。

1

2

4

Point

爽口又秀色，令人想多看一眼、食指大動，吃了健康又幸福。

4人份

清爽白綠如意棒
綠豆蕎麥雙芽

柴魚韭菜

4人份

Point

2月的韭菜最嫩,也有醫療作用,多食有益身體健康。

材料

韭菜	半斤
柴魚片	半碗
松子	100公克
辣椒	1支

調味料

蠔油	1湯匙
橄欖油	2湯匙
醬油	1茶匙
芥花油	1茶匙
砂糖	1茶匙

作法

1 松子洗淨瀝乾,用小火慢炒至焦黃色、香氣跑出來後熄火,放砂糖翻炒幾下盛出放涼備用。

2 韭菜洗淨,用滾水汆燙至軟後,撈出瀝乾。

3 韭菜擠出水分,排齊去頭尾,切5公分長段。

4 辣椒切粒與調味料混合調勻,淋在盤上的韭菜再撒下柴魚片、松子即可。

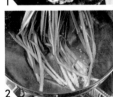
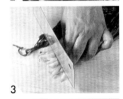

材料

茼蒿……………1斤
滷豆腐干…………2片
白芝麻……………1小包

調味料

橄欖油……………1湯匙
蠔油………………1湯匙
麻油………………1茶匙

作法

1 茼蒿洗淨，放入滾水中氽燙至軟撈起。

2 撈出放涼後，捏出水分並切1公分左右備用。

3 豆腐干切成小丁，並與茼蒿、調味料拌合入味盛盤，再撒下白芝麻即可。

1

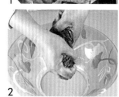
2

3

KNOWLEDGE 茼蒿很會縮水喔！一大把煮出來只剩一點點，老公以為老婆偷吃所以打她，因而有「打某菜」之稱，所以記得買茼蒿要買多一點，免得縮水只剩兩口塞牙縫啦！

下水前 　　下水後

4人份

神奇打某菜

涼拌茼蒿

Point

茼蒿味香，煮後縮水，量會變得很少，可是味道集中，非常可口。

芝麻菠菜

Point

菠菜營養豐富，口感柔潤，是家庭中不可缺少的綠色蔬菜。

4人份

材料

菠菜 ………… 半斤
大蒜 ………… 2粒
白芝麻 ……… 少許

調味料

橄欖油 ……… 1湯匙
蠔油 ………… 1湯匙
麻油 ………… 1茶匙
鹽 …………… 少許

作法

1 菠菜洗乾淨，用一鍋滾水汆燙至軟，撈起瀝乾。

2 擠乾後排好，切成5公分長段狀，排放盤中。

3 調味料加在一起拌勻，淋在菠菜上面，再撒下白芝麻即可。

1

2

3

浪漫忘憂草

金針花開時

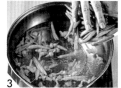

4人份

Point

花的饗宴，打結過的
金針口感十足、甘脆
清香。

材料

青色金針 ⋯⋯⋯⋯⋯100公克
黃色金針(乾的) ⋯⋯510公克
破布子(醃好的) ⋯⋯⋯2湯匙
辣椒 ⋯⋯⋯⋯⋯⋯⋯⋯1支

調味料

蠔油 ⋯⋯⋯⋯⋯⋯⋯⋯2茶匙
橄欖油 ⋯⋯⋯⋯⋯⋯⋯2湯匙
香油 ⋯⋯⋯⋯⋯⋯⋯⋯1茶匙

作法

1 破布子去籽，辣椒切粒，乾金針泡水10分鐘。

2 黃色金針花泡水後去蒂打結，青色金針洗淨備用。

3 滾開水煮金針花(先青後黃)，約需1分鐘，撈起放入冷水中沖涼，再撈起瀝乾。

4 所有食材與調味料拌合入味，即可盛盤。

材料

青木瓜 ……………1個
香菜 ………………1支
黑白芝麻 ………少許

調味料

果糖 ……………1/2茶匙
醬油膏 …………1/2茶匙
醋 ………………1/2茶匙
鹽 …………………少許
辣油 ………………1茶匙

作法

1 木瓜對剖、去籽。

2 木瓜削皮、刨絲,加鹽醃約10分鐘,去掉水分後,稍微擰乾。

3 加入調味料拌勻置於盤中,灑下香菜、芝麻即可食用。

1

2

3

豐胸美容低熱量

清香木瓜

4人份

Point

夏天颱風過後蔬果漲價,被風吹落的木瓜也可當蔬菜食用。

創意拌飯料理

三味豆腐

4人份

Point

簡易的手法不需動用
鍋鏟，營養豐富、老少
咸宜，配稀飯更有味。

1

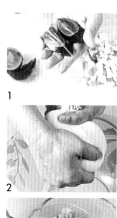
2

3

4

材料

嫩豆腐	1盒
鹹蛋	1個
皮蛋	1個
蔥	2支
大蒜	1支

調味料

醬油膏	1茶匙
香油	2茶匙
鹽	少許

作法

1 皮蛋剝殼放手心上，以尖刀輕畫切成小丁狀；鹹蛋剝殼切丁；蔥花、蒜泥切好備用。

2 用一條乾淨的紗布包住豆腐，扭擠出水分。

3 所有材料與調味料拌勻，放進小碗中壓實。

4 10分鐘後待豆腐定型，倒扣入盤即可。

材料

白皮山藥……約半條
枸杞……………20粒
海苔……………少許
芝麻……………少許

調味料

鹽………………1茶匙
香油……………1茶匙
橄欖油…………1茶匙
果糖……………1茶匙

作法

1 山藥削皮、洗淨。

2 把山藥切成小長條。

3 切成小塊的山藥放入冰水，冰鎮3個小時。枸杞泡冷開水後瀝乾。

4 用一缽子將調味料混合在一起，加入切好的山藥、枸杞拌勻入味後盛盤，撒下海苔芝麻。

1

2

3

青春不老食補法

甘脆山藥

4人份

Point

山藥生吃是最好的生機飲食。此種作法簡單易做，口感又好，很像吃水果般的多汁。

豆腐涼拌番茄

4人份

Point

低卡健康，養顏美容
與營養兼顧，多吃也
不怕長胖，實在是一
舉數得。

1

2

3

材料

嫩豆腐	1盒
番茄	2個
香菜	1支
蒜末	1湯匙

調味料

橄欖油	1湯匙
豆腐乳	2小塊

作法

1 番茄以刀尖在皮上輕劃十字，再以熱開水燙一下。

2 將番茄順著刀痕剝皮後，切成薄片擺盤。豆腐也切薄片放盤子裡。

3 豆腐乳加1小塊豆腐及橄欖油、蒜末，調勻成腐乳醬，淋在豆腐上面，最後灑上香菜末即可。

材料

皮蛋⋯⋯⋯⋯4個
糖醋薑⋯⋯⋯⋯2條
辣椒⋯⋯⋯⋯⋯1支
香菜⋯⋯⋯⋯⋯2支
大蒜⋯⋯⋯⋯⋯3粒

調味料

醋⋯⋯⋯⋯⋯1茶匙
果糖⋯⋯⋯⋯⋯1茶匙
麻油⋯⋯⋯⋯⋯1湯匙
醬油膏⋯⋯⋯1.5湯匙

作法

1 皮蛋剝殼後用涼開水過濾一下，吸紙擦乾，每個蛋切成4瓣。

2 薑撕成條狀。調味料混合攪拌，加入切成細末的辣椒、香菜。

3 皮蛋與子薑置盤，將所有調味料拌勻後淋在皮蛋上即可。

1

2

3

4人份

甜美辣勁道

子薑皮蛋

Point

糖醋薑在傳統醬菜店或超級市場都買得到，可以放很久，隨時做開胃菜或配稀飯吃都讚。

皮蛋紅椒

4人份

Point

宴客或者聚餐兩相宜，形狀豪華、口感又好，不須花太多時間處理。

材料

皮蛋	4個
紅椒	3個
香菜	2支
大蒜	3粒

調味料

辣椒油	1.5湯匙
蠔油	2湯匙
果糖	1湯匙

作法

1 紅椒放在爐火上烤，烤至表皮略焦，清洗並把皮剝乾淨。

2 紅椒泡過涼水後，以餐巾紙吸乾水分，全部切絲。皮蛋剝殼、切成4瓣備用。

3 香菜、大蒜切末，加調味料拌勻盛在碗裡，先淋一半的醬汁跟紅椒拌勻。

4 把皮蛋、紅椒排盤，最後淋上全部的醬汁即可。

CHAPTER 2

涼拌冷盤

沒有惱人熱鍋，也沒有油煙，所有材料切切洗洗，
山珍海味簡單汆燙，拌上特製的調味醬，
輕輕鬆鬆，也能變出大菜端上桌！

番茄汁拌蝦仁

Point

冰鎮後的彈脆蝦仁、酸甜的番茄,是最佳的組合。

(4人份)

材料

蝦仁	4兩
番茄	1個
小黃瓜	1條
榨菜粒	1茶匙

調味料

橄欖油	2湯匙
辣油	1茶匙
果糖	1茶匙
鹽	1茶匙

作法

1 蝦仁背部挑出泥沙,用滾水汆燙10秒鐘後撈出。

2 放入冰水中冰鎮,撈出後用乾布吸乾。

3 番茄剁細成泥,小黃瓜切圓片,榨菜切粒狀。

4 用一缽子將所有的材料與調好的調味醬拌合後即可盛盤。

材料

花蟹 …………… 2隻
花椒 ………… 1/3碗
薑末 ………… 1茶匙

調味料

鹽 …………… 1/3碗
紹興酒 ………… 1瓶
醋 …………… 3湯匙
果糖 ………… 1湯匙

作法

1 用炒鍋小火炒花椒、鹽，至呈焦黃色盛起備用。

2 將花蟹剁成4塊，去掉內臟，大螯拍裂。

3 用一缽子裝入蟹肉，並撒下椒鹽拌勻。

4 倒入紹興酒後，浸泡24小時，放冰箱冷藏。

5 食用時揀去花椒盛放盤上，將薑末與醋、果糖拌在小碗裡，沾蟹肉食用。

1

2

3

4

4人份

醉蟹麻舌好勁道

嗆蟹

Point

花蟹肉多殼薄最適合做「嗆蟹」。這道菜是江浙人經常食用的一道名菜，它的另一個名字是「蟹糊」，就是指螃蟹泡酒後糊裡糊塗的樣子。

香蕈涼拌

2人份

Point

喜歡吃菇類或素食者，最簡單的香氣四溢料理。

材料

香菇	5朵
洋菇	5朵
鴻禧菇	10朵
柳松菇	6朵
花椰菜	1棵
薑片	2片

調味料

魚露	1湯匙
蠔油	1湯匙
橄欖油	1湯匙
麻油	1茶匙

作法

1 將所有菇的根部蒂頭髒的部分削掉。

2 將所有的菇泡水，把皺摺內部洗淨。花椰菜莖部粗皮削掉泡水，薑切成細末。

3 汆燙所有食材，撈起放涼。

4 調味料倒在碗裡加薑末拌勻，用一缽子將所有材料、調味料混合入味即可盛盤。

材料

花椰菜 …………1棵
洋菇 ……………6個
蟹條 …………6小包

調味料

橄欖油 ………2湯匙
果糖 …………1茶匙
鹽 ……………1茶匙
醋 ……………1茶匙
胡椒粉 ………少許

作法

1 花椰菜削掉根部老皮，讓口感爽脆。把花椰菜分切成小朵。

2 蟹條剝除塑膠皮，與洋菇、花椰菜一同滾煮2分鐘，撈出瀝乾。

3 燙好的洋菇切半，蟹條剝絲。

4 所有材料加上調勻的醬汁，混合入味後盛入盤中即可。

1

2

3

4

山珍海味速成菜

花椰蟹條

Point

花椰菜據醫學報導可以防制癌症，多食有益。

涼拌雞絲海蜇皮

4人份

Point

海蜇皮處理時如嫌腥味,可用米醋泡幾分鐘。

材料

海蜇皮 ………… 2張
雞胸肉 ………… 1塊
小黃瓜 ………… 1條
辣椒 …………… 1支
大蒜 …………… 3個
香菜 …………… 2支

調味料

醬油膏 ………… 2茶匙
香油 …………… 2茶匙
果糖 …………… 1茶匙
醋 ……………… 1茶匙
鹽 ……………… 少許

作法

1 海蜇皮泡水20分鐘,讓它變軟。

2 把海蜇皮放入滾水中煮,約3分鐘撈出,放入冷水泡10分鐘,撈出備用。

3 將燙好的海蜇皮切絲,並將雞肉煮熟後剝成絲。

4 香菜、小黃瓜、辣椒洗淨切絲,大蒜切成細末,再將以上材料加調味料混合即可上盤。

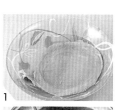

1

2

3

4

材料

煮熟的雞肉	半隻
青蔥	3支
蒜	4粒
薑	2片

調味料

花椒粉	1湯匙
辣椒粉	1湯匙
蠔油	1湯匙
醋	1湯匙
芥花油	半碗
醬油膏	2湯匙
麻油	1茶匙

作法

1 將花椒粉、辣椒粉放入同一碗中備用。用炒鍋將半碗芥花油燒熱至起油煙後，倒入碗中，即為椒麻油。

2 熟雞肉按肌理纖維垂直切塊，口感會比較好。

3 醬油膏、蠔油、醋、椒麻油，加蔥粒、蒜、薑末拌勻，淋在雞肉上即可。

辣得過火的四川招牌

椒麻雞

4人份

Point

椒麻雞十足的川味，麻麻辣辣，適合重口味的朋友。

材料

雞胸肉 ·············· 1塊
青蔥 ·············· 1支

調味料

芝麻醬 ·············· 1.5茶匙
辣椒油 ·············· 1.5茶匙
醬油 ·············· 1茶匙
果糖 ·············· 1茶匙
香油 ·············· 1茶匙
鹽 ·············· 酌量

作法

1 用滾水煮雞肉約5分鐘,熟後撈出
瀝乾。

2 把雞肉剝成絲狀。

3 將所有的調味料混合在一起,攪
拌均勻。

4 將雞肉盛放盤上,並淋下調味
醬,灑下蔥絲後即可。

1

2

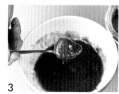
3

4

Point

不吃辣的可以不放
辣椒油,改放橄欖
油,味道一樣香噴
噴,老少咸宜。

香噴噴的水煮雞料理

風味雞

酸辣冬粉

4人份

Point

郊遊做這道酸辣冬粉,非常簡便可口,受到很多人的歡迎。

材料

冬粉	4捆
紅蘿蔔	1根
香菜	3支
芹菜	2支
大蒜	4粒

調味料

辣椒油	3湯匙
蠔油	2湯匙
醋	1大匙
果糖	1茶匙
鹽	酌量

作法

1. 紅蘿蔔、芹菜洗淨切絲、汆燙,撈出瀝乾放涼。冬粉另外在滾水中煮。

2. 煮約3分鐘後熄火,泡在熱鍋中大約10分鐘,讓冬粉泡軟。

3. 冬粉泡軟後撈出,用冷水沖涼,再瀝乾。

4. 將大蒜切末、香菜洗淨切段,並與所有食材與調味料拌勻入味,即可盛盤。

材料

魷魚	半隻
墨魚	1隻
蝦仁	4兩
番茄	1個
檸檬	1個
香菜	2支
大蒜	3粒
辣椒	2支

調味料

橄欖油	3湯匙
蠔油	2湯匙
果糖	1茶匙
鹽	酌量

4人份

作法

1 魷魚、墨魚洗淨(拔除內臟)，切交叉斜紋，蝦仁挑去背上的污泥。

2 魷魚、墨魚、蝦仁全部汆燙一會兒，撈出置入冰水中。

3 番茄切丁塊狀，香菜切小段，大蒜切成末，辣椒切粒。

4 將海鮮食材瀝乾，加入香料以及所有調味料、檸檬汁，全部拌合一起入味。

1

2

4

Point

泰緬地區的名菜，口味酸、甜、辣，嗆味十足，喜歡重口味的朋友們不妨試試。

泰緬酸辣招牌菜

涼拌海鮮

美味絲絲入口

五福臨門

4人份

Point

極簡單的作法,卻綜合許多營養,裝盤時顏色鮮豔美麗,不失為宴客好幫手。

材料

洋蔥	半個
雞蛋	2個
青椒	1個
滷豆腐干	2片
紅蘿蔔	1根
大蒜	2粒

調味料

橄欖油	2湯匙
醬油膏	2湯匙
麻辣油	1茶匙
果糖	1茶匙
鹽	酌量

作法

1 雞蛋打散倒入平底鍋中,並將油鍋慢慢滾動轉圓煎成蛋皮,熄火後暫時不拿,才不會沾鍋。

2 蛋皮涼了後捲成蛋捲狀,切絲。所有的材料也都切絲,大蒜拍碎切末。

3 所有調味料攪拌均勻,跟所有材料拌勻後盛盤即可。

1

2

3

材料

章魚	1隻
海帶芽	1碗
小黃瓜	1條
大蒜	2粒
薑	2片

調味料

醋	半碗
果糖	2茶匙
醬油膏	2茶匙
鰹魚醬油	2茶匙
香油	1湯匙

4人份

作法

1 章魚先去掉內臟，剝皮、洗淨。

2 把章魚放進滾水中煮，大約7、8分鐘等肉色由透明變白，就可撈起待涼。

3 海帶芽先泡水20分鐘後，再放入滾水中煮30分鐘，撈出海帶芽放涼。小黃瓜需切片。

4 章魚切片與黃瓜、海帶芽、大蒜末、薑末拌合，加入所有調味料即可盛盤。

Point

鮮美的海味不需多樣的調味品，新鮮加上對味的調味，使味蕾更舒服。

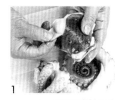
1

2

3

3

捲捲八爪魚料理

海味章魚

CHAPTER 3

涼拌點心

青青脆脆的爽口滋味，加點巧思與手工，
把食材全都包起來。蔬果拌點果香蜜糖，
讓生活情趣加點甜甜鹹鹹的味道！

水果優格

2人份

Point

水果點心也能做成涼拌,造型可愛。

材料

馬鈴薯	1個
奇異果	1個
香吉士	1個
百香果	1個
蘋果	2片
草莓	3個

調味料

優格	1罐
美乃滋	3湯匙
橄欖油	1湯匙

作法

1　馬鈴薯削皮切半,煮20分鐘後放涼,與奇異果、蘋果、香吉士一起切成小丁。

2　將所有的水果與優格、美乃滋拌在一起。

3　小玻璃瓶抹油,把材料倒入。

4　抹平壓實後放進冷凍庫,食用時倒扣盤中淋下百香果汁,再以草莓、奇異果裝飾。

材料

四方形洋火腿·····5片
海苔·············5片
玉米醬·········5湯匙
苜蓿芽·········1碗
蕎麥芽·········1碗

調味料

美乃滋·········酌量
優格·········1瓶(小)

作法

1 把玉米醬、美乃滋、優格攪拌均勻備用。

2 取一片火腿攤開，鋪上些許的苜蓿芽、蕎麥芽，並加入調好的玉米醬。

3 火腿片左右角塗上少許美乃滋當膠著劑，把火腿捲起來。

4 接口上用海苔包住，再用牙籤固定即可。

1

3

4

2人份

像點心的野餐便當

火腿手捲

Point

海苔的酥與豆芽的鮮，現包現吃最好。

鮪魚沙拉筍

2人份

Point

簡易的作法很適合
上班族,嫩竹筍的
搭配,不易吃膩,不
妨試試看。

材料

鮪魚罐頭 ⋯⋯⋯1罐
綠竹筍 ⋯⋯⋯⋯1支

調味料

海苔芝麻 ⋯⋯⋯酌量
沙拉醬 ⋯⋯⋯ 2湯匙

作法

1 竹筍洗淨,放入開水鍋中煮約25
分鐘後熄火,讓竹筍悶在熱水裡
20分鐘,再拿出沖涼。

2 竹筍切成細絲。

3 鮪魚罐頭買整塊魚肉的,剝成絲
狀與筍絲相同。

4 加上沙拉醬調勻,在鮪魚、筍絲
上撒下海苔芝麻即可。

1

2

3

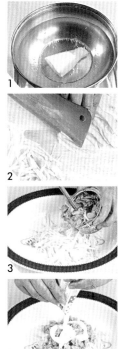
4

材料

哈蜜瓜 ………… 半個
洋火腿 …………2片
草莓 ……………2個

調味料

美乃滋 ………1/2碗

作法

1 哈蜜瓜中間切半，瓜籽去掉。

2 切半的瓜再切成3個長形，再切成等邊四方形。

3 把方塊狀的瓜削皮。

4 用小茶匙挖出中間果肉成空洞。再把洋火腿切細末與美乃滋拌合，填1茶匙在哈蜜瓜空洞中間，用一盤子排列好再配上切好的草莓，美觀又好吃。

1

2

3

4

2人份

辦家家酒的良伴

蜜瓜盅

Point

不宜久放，食用時現做，風味最佳。

清香優雅的夏季戀曲

甘脆蓮藕

材料

嫩蓮藕1斤、香菜2支、檸檬1個
薑末1茶匙

調味料

鹽1茶匙、果糖1茶匙
醬油膏1茶匙、橄欖油2茶匙

作法

1　蓮藕切片，放入滾水中煮約2分鐘，然後撈起。

2　將蓮藕片放入冷水沖涼，並放入另一缽中。

3　薑末加入調味料調和一下，再倒入缽子中，把蓮藕與調味料攪拌幾下，淋下檸檬汁，好讓味道滲入蓮藕，然後裝入盤中。

Point

蓮藕的甘脆，加上調味料的酸甜，如同吃水果的感覺，很受大家的喜愛。

齒頰留香特製蒜頭

醃糖蒜

材料

大蒜頭5台斤

調味料

醋2瓶、米酒1瓶、醬油1瓶
鹽1碗、冰糖600公克

作法

1　大蒜頭去蒂洗乾淨，曬乾2天。

2　用罐子裝冷開水加一碗鹽，鹽水和勻，將蒜頭醃在鹽水罐中約一星期。

3　一星期後將鹽水倒掉，加入所有調味料醃3個月。醃漬期間請勿曬到太陽，或沾到油污。啟封時請用乾淨的用具取用。

Point

食用糖蒜可增強免疫力，1天吃3粒，不易感冒也可防癌，是最佳的健康食品。

材料

蘆筍 ····················10支
培根 ····················10片

調味料

美乃滋 ····················1/2碗

作法

1 培根蒸熟。

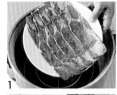
1

2 蘆筍選嫩枝，洗淨放入滾水中煮2分鐘後，放入冰水使其脆嫩，並撈出擦乾切段。蘆筍切的長度必須比培根的寬多出4公分。

2

3 將培根平放砧板上，蘆筍切成3段排好放在培根上面，擠下約一茶匙的美乃滋。

3

4 捲培根的時候輕輕地捲成滾筒，把多餘的培根切掉，用牙籤固定，排列盛盤。

2人份

4

一捲一口剛剛好

蘆筍培根

Point

小朋友或者年輕朋友喜歡不同花樣的作法，不同口味改變桌上的菜色，令人喜悅。

材料

大頭菜 ⋯⋯⋯⋯⋯ 1顆
百香果 ⋯⋯⋯⋯⋯ 3顆
大蒜 ⋯⋯⋯⋯⋯⋯ 3粒

調味料

鹽 ⋯⋯⋯⋯⋯⋯ 2茶匙
果糖 ⋯⋯⋯⋯⋯ 2茶匙
橄欖油 ⋯⋯⋯⋯ 1湯匙

作法

1 將大頭菜削皮洗淨，切成約2公分的長條。

2 切好的大頭菜加入2茶匙鹽，醃約20分鐘。

3 用手捏乾，瀝掉水分，再將調味料拌入。

4 蒜頭切碎加入菜中。百香果切開取其果肉，果汁與醃好的大頭菜混合拌勻即可盛盤。

1

2

3

4

Point

喜食辛辣者可放新鮮辣椒，切成圓形或長絲狀均可。

2人份

酸甜香香果

香果拌大頭菜

綠茶蒟蒻

2人份

Point

清香的綠茶味，盛夏做一盤綠茶蒟蒻，清爽許多。

材料

蒟蒻 ⋯⋯⋯⋯⋯ 1盒
綠茶粉 ⋯⋯⋯⋯ 1茶匙
枸杞 ⋯⋯⋯⋯⋯ 10粒

調味料

橄欖油 ⋯⋯⋯⋯ 2湯匙
醋 ⋯⋯⋯⋯⋯⋯ 1湯匙
果糖 ⋯⋯⋯⋯⋯ 2茶匙
鹽 ⋯⋯⋯⋯⋯⋯ 1茶匙

作法

1 整塊蒟蒻煮10分鐘後，撈起瀝乾，切成條狀。

2 加進綠茶粉拌勻備用。

3 蒟蒻待入味後泡入開水再撈起，去除苦味。

4 枸杞用水泡開，與蒟蒻放進一缽子中，再加入所有調味料拌勻，即可盛盤。

1

2

4

3

材料

西洋芹 …………… 1/2棵

調味料

橄欖油 …………… 2茶匙
沙拉醬 …………… 2茶匙
鹽 ………………… 1茶匙
芥末醬 …………… 1茶匙
果糖 ……………… 1茶匙

作法

1 挑出裡層最嫩的西洋芹,洗乾淨、剝去老絲,增加口感。

2 放入滾水中汆燙1分鐘後,立即撈起。

3 放入冷水中沖涼後切片,用鹽拌一拌,加橄欖油後放置盤中。

4 沙拉醬與芥末醬混合拌均勻,加1茶匙冷開水攪拌,然後淋在芹菜上即可。

1

2

3

4

Point

這是健胃整腸的涼拌菜,清爽可口、嗆辣十足。

2人份

日式辣美味
芥末西洋芹

收拾冰箱菜尾大集合

綜合涼拌果菜

翻翻冰箱裡有什麼呢？

 洋蔥
切絲

 香菇
切半汆燙

 黃椒
切絲

 小黃瓜
切片

 蘋果
切小塊

 紅椒
切絲

 花椰菜
切朵汆燙

 小番茄
切半

 青椒
切絲

Point

冰箱裡用剩的食材
免於浪費，都可用此
作法消化掉食材。

作法

1 玉米醬、優格、橄欖油全部拌一起，調成一碗。

2 將調味醬與蔬果拌在一起即可盛盤。

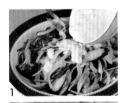

1

2

Homemade egg
tofu dishes

Part 2

健康蛋豆腐料理

蛋與豆腐看起來樸素不起眼，其實含有許多營養，

尤其含有豐富的蛋白質，既能當主角，

也能當配角，變化出各式各樣的美味佳肴。

不論是涼拌、燴炒、蒸煮、煎炸、勾芡、還是滑蛋，簡單步驟，

就能讓做出來的料理更可口。

蛋・豆腐・豪華的平凡料理

我們學做菜時，會先從煎、炒、蒸、煮、炸等方向不斷地嘗試摸索，而蛋和豆腐這兩種食物，正好可供作一般人最方便取得的烹飪食材，因此本書就以這個角度切入，讓大家發現這兩樣看似普通、卻可以變化出許多花樣的東西之諸多面貌。

蛋，在中式料理上則多半是附屬品，沒有歐美的糕點用得多，但是我們日常生活又很需要它。通常家庭裡最常做的就屬荷包蛋，也有人說荷包蛋為什麼老是煎不完整、不漂亮呢？問題出在油鍋必須燒熱後，才能放下少許油，並打蛋去煎，此時火不宜太大。而打蛋的方法又有兩種，做蛋糕或者鬆軟的蛋製品時，需要打到發泡為止，另一種則只需把它打散就可以了。

豆腐，從板豆腐演進到如今的多元口感，現代人不但可以選擇自己喜愛的類別，去變化出不同口味的菜肴，更能夠從豆腐中得到相當豐富的各類營養素。有人說豆腐料理最難做，如果想把它完整做出來實在困難，做出來的豆腐料理經常支離破碎，到底原因出在哪裡？如果你切的是方塊狀，下油鍋時，請將鍋鏟朝下盡量往鍋底慢慢推動豆腐，切忌將鍋鏟朝上；燒豆腐時，不宜用大火，因為容易燒乾，需要調中小火，讓時間拉長，使豆腐入味，盡量少用鍋鏟碰觸它，並且將鍋蓋蓋上。這些動作多做幾次以後，也就不覺得困難了。

由於「蛋」、「豆腐」這兩種食材本質上都易碎，因此烹飪時更需小心翼翼。

本單元為了使讀者都能接受每一道菜的作法，盡量採用家常料理，從蛋與豆腐的種類挑選到處理方法，完整教學，讓你輕鬆處理柔軟易碎的蛋、豆腐，請大家一定要試一試！

雞蛋

特色 殼非常薄脆，顏色白亮，略帶透明感。新鮮的雞蛋非常香，也很珍貴，早期如能在白飯上，加入一顆新鮮的雞蛋一起拌著吃，是非常高級的享受。

用途 所有蛋類中用途最廣的就是雞蛋，除了直接烹調，如水煮蛋、油煎荷包蛋、滷蛋等幾乎保持雞蛋原貌的製作法外，大部分時候雞蛋都是被用來作為其他菜肴的附屬品，如打散煎成蛋皮、炒飯等。

TIPS 更多時候，雞蛋被當成一種膨鬆劑或黏劑，如打泡做蛋糕、打散加入麵粉作麵衣，雞蛋可以說是滷、煎、炒、炸都適宜，是料理中幾乎是不可或缺的主角與配角。

特色 鴨蛋的殼較雞蛋厚，大小也比雞蛋大一些。鴨蛋的營養質與雞蛋大致相同，富含蛋白質、磷脂、維生素等等，烹調時營養素不易流失。新鮮的的鴨蛋因為腥味較重，且較不如雞蛋穩定，所以烘焙時鮮少使用。

鴨蛋

用途 鴨蛋通常取蛋黃的部分入菜。蛋黃冷凍後，包進肉粽、碗粿、月餅、三色蛋中。鴨蛋通常也是做成皮蛋、鹹蛋的食材。

TIPS 最常見就是包進月餅裡，當切開月餅時，被切成一半的鴨蛋黃，就像中秋時天上的滿月一樣，又圓又黃，一口咬下，鹹香滋味令人難忘。

皮蛋

特色　皮蛋其實也是鴨蛋的另一種製品，以浸泡的方式製成。整顆皮蛋呈黑色，蛋白是透明的黑，蛋黃則略呈灰色的膏狀，味道非常特殊。

用途　通常直接切瓣做成皮蛋豆腐，或與其他食材一同做成涼拌菜。也常剁碎加進粥裡同煮，晶亮的皮蛋顆粒在粥裡瑩瑩浮現，有視覺與味覺上的雙重享受。

TIPS　以皮蛋來拌麵，不但能夠保持皮蛋本身的風味，當麵條與略呈膏狀的蛋黃拌在一起時，會有一點墨魚義大利麵的視覺效果，非常有趣。

特色　是一般食用鳥蛋中，最嬌小的一種蛋。每顆蛋大約只有拇指第一個指節大小，略為偏黃的蛋殼上會有不規則狀的黑褐色斑點，非常薄且易碎，通常是為了配合視覺效果時使用。

鵪鶉蛋

用途　由於鵪鶉蛋非常小，一口一個剛剛好，所以常會直接放進滷味裡一起滷，或是煮湯當配料，形狀小巧可愛，忍不住一口一個吃不停。

TIPS　將小鵪鶉蛋打開，煎成一個個的小荷包蛋，會覺得自己彷彿來到小人國一般，能讓小朋友愛上吃蛋。

鹹蛋

特色　又稱鹹鴨蛋，殼較雞蛋厚，顏色也偏黃，尺寸比雞蛋要大。算是一種醃製品，屬於熟蛋，鹹味重。切開後，若蛋黃心略微呈現鮮橙膏狀為上品。

用途　剝殼後可直接吃，弄碎配稀飯也不錯，是早期艱困生活中的下飯珍品。料理時，使用鹹鴨蛋是取其鹹香的特殊味道，除了本身口感與香氣非常迷人，常常也有掩飾其他食材味道的功能，如鹹蛋苦瓜就能去掉苦瓜的苦味，讓不喜歡苦瓜的人也會忍不住夾幾筷子吃。

TIPS　由於鹹鴨蛋的蛋黃色澤很鮮豔，有時也會剁碎與絞肉同拌，做成肉丸子，或是做成三色蛋，鮮豔的蛋黃更顯得誘人。

蛋的處理方式

**分開
蛋黃蛋白**

把蛋殼肚的地方稍微輕敲出裂痕，再慢慢剝開蛋殼，但不要直接分成兩半，而是打開出裂縫，只讓蛋白流出，由於蛋黃本身有一層膜包著，所以完整的蛋黃因為較大而無法沿著縫隙滑出，等蛋白流盡殼裡面就只剩蛋黃囉！

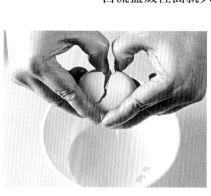

TIPS
■ 有時縫太小連蛋白也流不出來，不過打開一點，有時會不小心刺到蛋黃，造成蛋黃膜破裂，蛋黃也會流下來，所以要小心。

■ 蛋尖尖的部分朝下放進冰箱，這樣蛋可以保持新鮮度久一點。

**煎
蛋皮**

油鍋放少許油，油熱後轉成小火，並輕搖鍋子讓油均勻分布在鍋內，再緩緩倒下蛋汁，並呈畫圓狀輕搖油鍋，讓蛋汁平均流出呈圓形。等蛋液開始變白時，火關掉，利用餘溫使蛋液定型即可。

TIPS 油鍋燒熱後，一定要先轉小火再倒入蛋液，否則油鍋過熱，會讓蛋液整個隆起、並出現大大小小的氣泡，最後破掉消氣，就變成坑坑疤疤的醜蛋皮了。

火太大就會起泡

醜醜的蛋皮

打蛋 1

打散 通常是為了當拌料，或是與沾醬搭配時。

使用時機 滑蛋與做丸子時或者油炸類時，只需打散就可以了。

1 將蛋打到碗裡。

2 用筷子以統一方向輕劃。

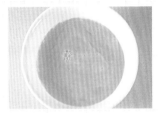

3 打至蛋黃蛋白均勻混合，成淡黃色的蛋汁即可。

TIPS 不要亂打，會破壞蛋的連結性，永遠打不成泡，變成一攤稀稀的蛋汁。

打蛋 2

打泡 通常是為了當拌料、或是與沾醬搭配時。

使用時機 做鬆軟的蛋製品如蛋糕等，就必須打到起泡為止。或是想讓炒蛋看起來蓬鬆，打蛋時讓蛋液稍微起泡就可以達到效果。

1 將蛋打到碗裡。

2 用打蛋器由下往上以統一方向輕劃，將空氣打入蛋液中。

3 直到蛋液呈現細緻泡沫狀時即可。

滑蛋

把蛋液打散，在料裡起鍋前，將蛋液滑入、並立即熄火，利用食物的餘溫讓蛋變得半熟，吃起來會非常滑順。

TIPS 利用蛋白、加太白粉來醃肉，會讓肉變得很嫩，不怕煮熟後變得老硬難入口。

皮蛋、切蛋、剝蛋處理法

皮蛋剝完殼須過冷水
這樣皮蛋才不會黏黏的。

蛋放手上以尖刀劃開
切雞蛋或皮蛋時，這樣切出來的蛋才會漂亮，不會碎碎的，切口會很光滑漂亮。

筷子輕敲蛋殼
先在蛋殼上敲出裂痕，這樣比較好剝蛋，也不會把蛋弄破。

豆腐的種類介紹

豆腐很軟，常常一想到豆腐料理就束手無策，老是弄得破破碎碎、變成一團豆渣。豆腐好吃又營養，其實想在家裡做出這樣的美食，並不困難，只要掌握好怎麼調理，你也可以變出一道道的豆腐料理來！

嫩豆腐

特色　非常柔嫩，是豆腐中最易碎的，顏色也最白。

用途　直接淋上沾醬涼拌吃、蒸著吃都行，也可以揉碎了做丸子、做餡子，不過一定要用紗布包住，擠出水分，否則餡會出水，不好包、也炸得不漂亮。

TIPS　在嫩豆腐上灑些胡椒再放上起司片，放進烤箱烤至起司溶化，取出後淋上辣椒醬吃，滑嫩香軟麻辣有勁，喜歡嘗新的一定不能錯過！

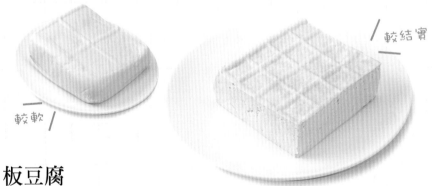

較結實

較軟

板豆腐

特色　又稱傳統豆腐，因為是每天現做、再運到傳統市場現賣，通常只有在傳統市場才有。結構比嫩豆腐結實，顏色偏黃，在豆腐上表皮會有一層硬硬QQ的豆皮，質地不像嫩豆腐那麼細緻，但是容易吸收湯汁、醬汁的味道，而且不易碎，比較方便料理。

另有一種嫩的板豆腐，跟嫩豆腐差不多，如果料理時怕弄碎豆腐，可以選這個來烹飪，比較方便。

用途　板豆腐比較結實，所以煎、炸容易，切丁塊狀，適合炸、炒；切片時，則適合煎，才不會碎掉。

TIPS　切成條狀下油鍋炸時，豆腐會整個澎起來，形狀很像甜不辣，一口咬下，滾燙的豆腐汁立即流出來，相當過癮，不過得小心別燙傷舌頭啦！

臭豆腐

特色 是豆腐醃製品，很硬，味道嗆鼻，喜歡的人覺得很香，不喜歡的人一聞到臭豆腐的味道就退避三舍。其實臭豆腐有點像豆腐干，但溼度高，且較柔軟，以其獨特的味道出名。

用途 清蒸、切塊熱炒、重口味的滷或燴都很好吃。

TIPS 把臭豆腐對切，放進熱油鍋裡炸2分鐘就撈起來，吃起來跟巷子口的炸臭豆腐很像，但是因為沒有炸很久，所以吃起來外表酥脆，一口咬下又滾燙多汁，比外面賣的還好吃。

油豆腐

特色 板豆腐經油炸後製成，外表成咖啡色，內部空隙大，像海綿一樣可以吸收料理的精華汁液。

用途 油豆腐吸水力強，很適合吸滷汁或是煮湯，一口咬下，飽含的湯汁會流出來，滋味特好。

TIPS 把裡面的豆腐挖出來，填進醋飯、撒上黑芝麻，配著甜甜辣辣的醃嫩薑絲，就是日本的豆皮壽司囉！

鴨血

特色 其實不是豆腐製品，但是長相跟豆腐很像，由鴨血加熱凝固成塊狀製成(也有豬血做的)，呈暗紅色，口感滑潤。

用途 早期是因為吃血補血的觀念，現在大部分用來配色，白色的豆腐與紅色的鴨血，不管是炒、是煮湯，紅白相間鮮豔誘人。

TIPS 煮米粉湯的時候，切幾片鴨血加進去一起煮，鴨血會越煮越軟，這是南京很特別的吃法喔！

豆腐乳

特色 豆腐醃製品。通常成小塊狀,極軟。香味特殊、鹹味重,越陳年越臭的,越讓愛吃豆腐乳的饕客著迷,可以說與西方的起司有異曲同工之妙。

用途 早期是直接配稀飯吃,小小一塊豆腐乳加上醬瓜,就可以吃下好幾碗。現在還發展出各種口味,除了原味、辣味,還有芋頭豆腐乳等特殊口味。豆腐乳還可以當成調味料入菜、或是做成沾醬,愛怎麼配就怎麼配。

TIPS 把豆腐乳跟味噌拌在一起,抹在吐司上,加上冷凍三色豆、覆上起司條,放進烤箱烤5分鐘,融化的起司、搭配豆腐乳與味噌,風味獨特,一試上癮!

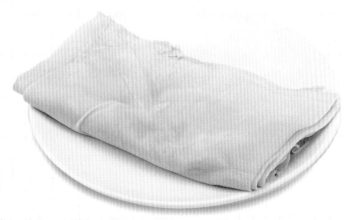

豆腐皮

特色 豆腐皮是豆漿在加熱過程中,上面結成的膜乾燥製成的。味道很香,富含高蛋白質、幾乎沒有熱量。加熱後會乳化成糊,可以重新塑形。

用途 由於加熱後會軟化,所以豆腐皮很適合做成煲類料理。

TIPS 使用豆腐皮做料理本身就很厲害,從薄薄一張張的腐皮,加入料中一起燴、凝固成模,最後變成像蛋糕一樣的形狀,就令人讚歎不已。

豆腐的處理方法

切丁

時機　用途最廣，不管是炒、炸、燴、拌、蒸，都很適合。

1 豆腐平鋪，橫著切把豆腐切成 2 片。

2 沿著寬邊切3刀。

TIPS 切丁其實就是整塊豆腐橫切一半，再按豆腐的紋路劃出來即可。一口一顆豆腐，非常好入口。

3 再沿著長邊切4刀。

切塊

時機　多數是鑲肉、蒸蝦時塞材料用。

第一個步驟與切丁相同，將豆腐平鋪，橫著切把豆腐切成2片。之後，沿著板豆腐的格子切井字，就變成9大塊了。

切條

時機　適用於炒豆腐時。

先把豆腐切成一片片，再把每一片對切，成長條狀。

TIPS 炒豆乾時切成條，大火快炒很容易就熟透，變得有點脆脆的，很香。

切片

時機　適用於涼拌、煎、炸時。

1 先把豆腐平鋪，直著切豆腐切成2長塊。

2 垂直一一切成1公分厚度。

TIPS 不宜切太薄，切成長方形比較好煎，口感也比較好。

煎豆腐

1 豆腐切塊，均勻沾上太白粉。

2 熱鍋後倒少許油，放入豆腐慢慢地煎。

TIPS 熱鍋後倒少許油，平均布滿油鍋，每塊豆腐不要重疊，都要能碰到鍋子，讓熱油慢慢煎到焦黃再翻面。

弄碎

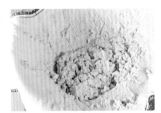

1 豆腐切成小丁，放在紗布裡。

2 用紗布把豆腐包起來，再用力擠把水分擠出來。

3 打開紗布，把豆腐刮下來，盛進碗裡就可以進行料理了。

TIPS 做餡料、或造型需要時，都需要把豆腐弄碎。一定要盡力把水擠出來，這樣做出來的豆腐料理才會好吃又好看。

炸豆腐

1 豆腐切塊，均勻沾上太白粉。

2 油熱後一塊塊炸，炸至金黃即可撈起。

TIPS 炸的祕訣是油要夠多夠熱，油的水位一定要高過材料，才能把豆腐均勻炸熟。一次也不要放太多豆腐，不然造成油溫下降，讓油炸時間變長，炸出來就不漂亮了，顏色也會黑黑的。

勾芡

蛋與豆腐,都是軟軟嫩嫩的。由於本身的味道都很單純,所以除了與其他材料搭配、調味外,勾芡與滑蛋算是蛋與豆腐料理特有的烹調方式。不但讓料理更豐富,也會讓料理更滑順,吃的時候,會有一種把滑嫩吃下去,皮膚也跟著滑嫩起來的感覺。

1 倒入高湯

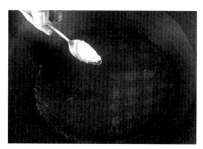

2 加少許鹽

3 撒胡椒粉

4 加太白粉水

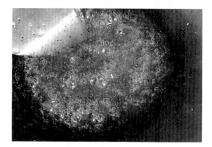

5 燒到濃稠

TIPS 不要將太白粉水一下子全倒下去,應該慢慢地攪拌,邊倒邊攪拌,至呈現黏稠狀時,就完成了。

CHAPTER 1

香蒸蛋、豆腐

鮮甜原味包裹在小小的蒸籠裡，
擺上豆腐加上材料，一起蒸一蒸，嘗嘗原汁好味道。
拌拌切切，淋上調味料，
色彩鮮豔、香氣四溢，輕清爽爽，養生又健康！

豆腐蒸蝦

材料

嫩豆腐	1塊半
明蝦	9隻
蔥	2支
薑	2片

調味料

香油	1茶匙
鮮味粉	1茶匙
鹽	1.5茶匙
太白粉	1湯匙
米酒	2湯匙
高湯	1/2罐
胡椒粉	少許

作法

1 明蝦去掉頭、背上的泥,泡在酒、薑泥、蔥末、調味料裡10分鐘。

2 豆腐切井字變成9個方塊,以湯匙在上面挖一個小洞。

3 泡好的明蝦頭朝下插在豆腐上,用小蒸籠蒸約15分鐘。

4 高湯燒開勾芡,加鹽、鮮味粉後,淋在蒸好的豆腐上,灑下蔥花、香油即可。

1　　　　2　　　　3

宴客時做一道「豆腐
蒸蝦」老少咸宜，最
好趁熱食用。

4人份

三角豆腐包

油豆腐鑲肉

Point

可以多做些放冷凍庫，如同水餃一樣，取用時放入蒸籠多蒸10分鐘，一樣好吃。

2人份

材料

油豆腐	8個
荸薺	5個
絞肉	2兩
豌豆嬰	1碗
青豆	8個

調味料

太白粉	1茶匙
香油	1茶匙
高湯	1/2罐
太白粉水	1/2碗
鮮味粉	少許
鹽	少許
胡椒粉	少許

作法

1 荸薺切碎用紗布包住捏乾水分，加入絞肉、調味料、太白粉拌勻做成肉餡。

2 從豆腐中間挖出豆腐，呈中空狀，小心不要弄破豆腐皮。

3 肉餡塞入挖空的豆腐皮，青豆放中間，做成豆腐包。

4 豆腐包蒸約20分鐘。同時用另一鍋加入高湯、豌豆嬰後勾芡，淋在豆腐包上即可。

1

2

3

材料

嫩豆腐	1盒
荷葉	1張
絞肉	2兩
洋菇	6朵
紅蘿蔔丁	1湯匙
青豆	2湯匙
大蒜	4粒

調味料

辣豆瓣醬、蠔油	1湯匙
香油	1湯匙
鹽	少許
葵花油	3湯匙
鮮味粉	1茶匙
太白粉水	1/3碗

作法

1 荷葉洗淨後用熱水燙一下，剪成圓形鋪在蒸籠裡。

2 嫩豆腐切丁後擺在荷葉上。

3 洋菇切片、紅蘿蔔切丁、大蒜切粒。炒鍋燒熱後炒香蒜粒、絞肉、洋菇、紅蘿蔔、青豆，並加調味料後勾芡。

4 將勾芡淋在豆腐上，蒸約20分鐘，上桌前淋些香油即可。

1

3

4

荷花池畔香醉人

荷葉豆腐

2人份

Point

荷葉香自有它特殊的風味，可在中藥行可以買到。

材料

原味臭豆腐	5塊
乾香菇	2朵
青蒜	1支
辣椒	1支
青蔥	1支
薑	2片

調味料

醬油	1茶匙
辣豆瓣醬	1茶匙
鮮味粉	1茶匙
麻油	2茶匙
米酒	1湯匙

作法

1 香菇泡水，與青蒜、薑、辣椒一同切成絲。以麻油炒香後，再加上調味料一起炒。

2 臭豆腐洗淨放在蒸盤上，淋下米酒與炒香的材料，蒸約15分鐘後撒下蔥花即可。

Point

臭豆腐須熱食，放砂鍋或小火鍋裡熱著吃，熱辣的滋味很過癮。

越臭越香

蒸臭豆腐

2人份

翡翠芙蓉香

蟹黃豆腐

2人份

Point

紅蟳用這種方法烹調可留住鮮味，又因為必須熱食，蒸籠是最佳器皿。

材料

嫩豆腐	1盒
紅蟳	3隻
青豆	2湯匙
青蔥	1支
薑	4片

調味料

米酒	1湯匙
麻油	2湯匙
鹽	1茶匙
胡椒粉	1茶匙
太白粉水	2湯匙

作法

1 先取下蟹黃備用。紅蟳與薑片、米酒混合，蒸約15分鐘。嫩豆腐切丁塊狀。

2 取下蒸好的蟹肉，並將蒸出來的湯汁保留備用。

3 用一蒸籠鋪上錫箔紙，將嫩豆腐放在上面。

4 油鍋燒熱，放麻油炒薑片，炸香後取出薑片，放入青豆、蟹肉、蟹黃、湯汁、鹽、胡椒粉。最後勾芡倒入蒸籠裡，大火蒸約10分鐘即可。

材料

鹹蛋	2個
雞蛋	2個
絞肉	200克
大白菜	1/3棵
洋菇	6朵
薑、蔥粒	各1湯匙
香菜	2支

調味料

蠔油	2茶匙
太白粉	1/2碗
胡椒粉、鹽	少許
雞精	1茶匙
高湯	1罐
香油	少許

作法

1 雞蛋取蛋清，蛋黃留作他用。鹹蛋切小塊，蔥、薑切成末，洋菇切片，大白菜切絲。

2 絞肉與雞蛋清、鹹蛋、太白粉、蠔油、胡椒粉、鹽、蔥、薑一起拌勻。

3 餡料捏成乒乓球狀，蒸15分鐘。

4 高湯加1碗水，燒開後放大白菜絲、洋菇至軟，勾芡淋在肉球上，再灑下香菜、香油即可。

Point

蛋黃丟掉可惜，為避免浪費，可做成炒黃菜，也可以做三色蛋。

宴客前菜最佳料理

鹹蛋蒸肉球

4人份

鮮貝蒸蛋

2人份

Point

可隨意放喜歡的食材，如香菇、海鮮、魚露、XO醬等，味道鮮美，不妨試試。

材料

雞蛋 …………… 2個
干貝 …………… 2個
銀杏 …………… 6粒(熟)
枸杞 …………… 20粒
香菜 …………… 1支

調味料

鹽 ………… 1/2茶匙
鮮味粉 ………… 1茶匙
水 ………… 1/2碗
香油 …………… 少許

作法

1 干貝泡水，軟後撕成絲。銀杏泡水並煮熟，枸杞沖水瀝乾。

2 雞蛋打散加入鹽、鮮味粉、半碗水、銀杏、干貝、枸杞，全部攪拌均勻。

3 蛋液倒入小杯中蒸約10分鐘，灑入香菜、香油即可。

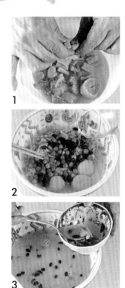

材料

雞蛋	2個
鹹蛋	1個
皮蛋	1個
豌豆嬰	15支

調味料

鹽	少許
香油	少許

作法

1 蛋糕模用小刷子擦香油抹勻，蒸熟後才不會黏底，方便倒扣出來。

2 鹹蛋、皮蛋剝殼後用涼開水過濾，並擦乾切成小丁。雞蛋打散加鹹蛋、皮蛋、鹽少許，平均拌勻。

3 倒入蛋糕模中蒸約15分鐘，待涼後倒扣。

4 切片裝盤即可。

1

2

3

4

Point

美麗的三色蛋，就是3種蛋的組合，切片後像圖畫般地引人入勝。

蛋的拼圖遊戲

三色蛋

4人份

不像粉絲像蛋糕

粉絲蛋

4人份

Point

宴客做一道粉絲蛋
表示做主人待客的
誠意與隆重，看來豪
華又可口。

材料

板豆腐	1/2塊
雞蛋	2個
冬粉	1捆
青江菜	6株
蝦米	10粒
荸薺	4個

調味料

鹽、鮮味粉	各1茶匙
醬油	1茶匙
香油	2湯匙
高湯	1/2罐
太白粉水	1/2碗
辣椒粉	少許

作法

1. 冬粉泡水，泡軟後剁細。荸薺切細擠掉水分；豆腐用手捏掉水分即可，不必擠得太乾；蝦米剁細；青江菜洗淨後汆燙排在盤底。

2. 所有材料拌合調味料，放在抹了油的中碗中，蒸約15分鐘後倒扣在盤子上。

3. 高湯燒開太白粉水勾芡，淋在粉絲蛋上即可，再撒些許辣椒粉更可口。

1

2

方豆腐圓丸子

翠綠豆腐鑲肉

Point

清淡爽口，趁熱吃更加美味，兒童、老人最適宜。

3人份

材料

嫩豆腐	1塊半
絞肉	4兩
蛋	1個
青江菜	9株
青豆	9粒
蔥粒、薑末	各1湯匙

調味料

蠔油、鮮味粉	各1茶匙
太白粉	1.5湯匙
高湯	半罐
胡椒粉	少許
鹽	少許
香油	少許

作法

1 豆腐切井字成9塊、蛋打散備用。

2 蔥薑剁成細末與絞肉、蛋液、調味料、半湯匙太白粉拌勻。

3 豆腐塊中間挖1小洞，塞進拌好的肉餡，蒸15分鐘。

4 高湯加1碗水及鹽、鮮味粉，煮青江菜至菜心軟後勾芡，淋在蒸好的豆腐上，再滴上香油即可。

2

3

102

熱炒蛋、豆腐

大火快炒，引發豆腐焦香氣息；
滑蛋熄火，金黃蛋液柔嫩多汁。
最快速、最變化多端，
引爆料理創意的蛋豆腐作法！

鹹脆快煮料理

雪菜豆腐

2人份

Point

眷村媽媽們的最愛，雪菜特殊的風味經常會應用到其他菜肴裡。

材料

板豆腐	1塊
雪菜	3株
瘦肉	2兩
辣椒	2支
青蔥	1支

調味料

醬油	1茶匙
鮮味粉	1茶匙
太白粉	1茶匙
葵花油	2湯匙
鹽	少許
麻油	少許

作法

1. 豆腐切丁、雪菜切小段、辣椒切斜片、青蔥切段。瘦肉切小片加麻油、鹽、太白粉醃10分鐘。

2. 熱鍋冷油炒瘦肉，肉絲呈白色時起鍋。

3. 油鍋裡再加一些油，爆香蔥段、辣椒、雪菜。

4. 切好的豆腐輕放鍋中，加入瘦肉片，放少許的水、醬油、鮮味粉，蓋住鍋蓋燜3分鐘，豆腐入味、水收乾即可。

1

2

4

材料

雞腰 ··············· 200公克
嫩豆腐 ················· 1塊
蛋 ·················· 2個
薑 ·················· 3片
蔥 ·················· 1支

調味料

麻油 ··············· 2湯匙
鹽 ················· 1茶匙
鮮味粉 ··············· 1茶匙
米酒 ·············· 1/2碗

作法

1 豆腐切丁、蔥切成粒狀、蛋打散。油鍋燒熱放入麻油，炸薑片至香氣出來。

2 接著放入雞腰子，倒入米酒、鹽、鮮味粉。

3 燒滾後放入豆腐丁，轉中火燜至水乾。

4 淋上蛋液馬上熄火，利用餘溫小心鏟幾下，盛盤撒下蔥花即可。

Point

做月子時最適合吃，雞腰富含荷爾蒙與蛋白質，是滋補身體的良品。

2人份

爆漿燙嘴入口滑
滑蛋雞腰豆腐

簡單快炒原味香

香菇豆腐

2人份

Point

新鮮香菇及各種菇類都可以交替應用，這是素食者的最愛。

材料

板豆腐 ……………1個
香菇 ………………4朵
肉絲 ………………2匙
青蔥 ………………2支
辣椒 ………………1支

調味料

醬油 ………………1茶匙
太白粉 ……………1茶匙
葵花油 ……………3湯匙
鹽 …………………少許
蠔油 ………………2湯匙
香油 ………………1茶匙

作法

1 豆腐切片吸乾水分，沾太白粉。香菇泡軟去蒂切片、青蔥切段、大蒜拍平、辣椒切絲，肉絲醃醬油、太白粉。

2 小火煎豆腐，至兩面焦黃撈起。

3 油鍋爆香香菇、蔥段、大蒜、辣椒、肉絲，加入煎好的豆腐，放入蠔油加少許水、鹽，改小火燜3分鐘至入味，最後灑下蔥段和香油即可盛盤。

1

2

3

材料

臭豆腐	4塊
冬筍	1/2棵
香菇	1朵
木耳	1片
花椰菜	1/3棵
辣椒	1支
青蔥	1支

調味料

葵花油	5碗
醬油	2茶匙
雞精粉	1茶匙
鹽	少許

作法

1 臭豆腐沖洗後切成條狀,並吸乾水分。其他的材料也切成條狀。

2 油鍋燒熱,炸臭豆腐至焦黃,撈起瀝乾。

3 另起油鍋燒熱,炒蔥、香菇、辣椒、冬筍、木耳,最後再放花椰菜拌炒。

4 加入炸好的臭豆腐、調味料,灑些水翻炒均勻,蓋住鍋蓋燜至水收乾即可。

1

2

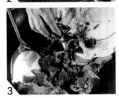
3

4

2人份

不臭反香的辣豆腐

炒臭豆腐

Point

做好的「炒臭豆腐」是香的,聞不出有特殊味道。

107

蝦仁炒蛋

Point

鬆軟的蛋,搭配脆甜的紅蝦,兼具營養、色澤鮮豔,讓人看了就想吃。

材料

雞蛋 ………… 4個
蝦仁 ………… 4兩
毛豆 ………… 2湯匙

調味料

葵花油 ……… 3湯匙
鹽 …………… 1茶匙
鮮味粉 ……… 1茶匙
花椒粒 ……… 1湯匙
太白粉 ……… 1湯匙
胡椒粉 ……… 少許

作法

1 雞蛋加2湯匙水打散至起泡;蝦仁去掉背上的沙泥、沾太白粉;毛豆、花椒粒過水瀝乾。

2 炸花椒粒至香味出來後撈起,放下毛豆、蝦仁翻炒幾下。

3 加入蛋汁快速炒至鬆軟,再加調味料拌炒後即可盛盤。

1

2

3

材料

雞蛋	2個
牛肉	4兩
鹹鮭魚	2片
小鮑魚菇	10片
洋蔥	1/4棵
青花椰菜	1/2棵

調味料

麻油	少許
蠔油	1湯匙
鮮味粉	1湯匙
太白粉	1湯匙
葵花油	3湯匙
黑胡椒粒、鹽	少許

作法

1 牛肉洗淨揩乾，加上麻油、蠔油、太白粉拌勻醃著。鮑魚菇、花椰菜洗淨切片；鹹魚切小粒。

2 爆炒牛肉片，翻炒幾下就起鍋置盤上，免得肉質變老。

3 另起油鍋炒洋蔥、鹹魚、花椰菜、鮑魚菇，放點水燜幾秒鐘，開大火加入牛肉片拌炒。

4 起鍋前淋下打散的蛋汁後立即關火，利用鍋中的餘熱翻炒兩下即可盛盤。

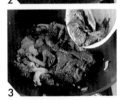

七分熟的超軟小牛排

滑蛋牛肉

2人份

Point

滑蛋就是蛋汁未熟前起鍋，吃起來滑溜溜的感覺，牛肉片也變得更滑嫩可口了。

材料

鴨蛋	6個
雞蛋	1個
韭菜花	6兩
紅蘿蔔	1/4根
木耳	2片
薑絲	1湯匙
辣椒	1支

調味料

葵花油	4湯匙
鮮味粉	1茶匙
鹽	1茶匙

作法

1 鴨蛋、雞蛋取蛋黃打散,紅蘿蔔、木耳、辣椒均切絲,韭菜花切段。

2 油鍋燒熱煎蛋黃,煎成薄片。

3 蛋餅放涼後切條狀。

4 起油鍋爆香薑絲、辣椒,加入木耳、紅蘿蔔、韭菜花翻炒幾下,加入調味料後放蛋黃條,混合拌炒至軟即可盛盤。

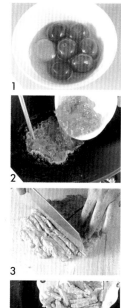

Point

黃菜指的就是蛋黃,有些菜的材料不需要蛋黃,為了惜物,做這道菜,既不浪費又可口。

4人份

鹹鹹香香的蛋黃薯條

炒黃菜

2人份

台式蛋包飯

Point

金華火腿特殊的香氣，很適合炒飯，一定要試一試。

材料

蛋	2個
飯	1碗
金華火腿	1湯匙
青豆	2湯匙
蔥	1支

調味料

葵花油	4湯匙
蠔油	1湯匙
鮮味粉	少許
番茄醬	1湯匙

作法

1 火腿切粒，蔥也切粒，蛋打散。

2 油鍋熱油後先炒蔥粒、火腿粒、青豆以及飯，最後加入蠔油、鮮味粉拌勻盛起。

3 油鍋放少許油，以小火煎蛋汁成蛋皮。

4 將炒好的飯放在蛋皮中間，並熄火，將兩邊的蛋皮交疊起來成圓筒形，淋上番茄醬即可。

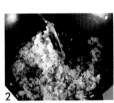

2

3

4

材料

鹹蛋 ································ 2個
苦瓜 ································ 1條
青蔥 ································ 2支
大蒜 ································ 3粒
辣椒 ································ 1支

調味料

葵花油 ·························· 3湯匙
鮮味粉 ·························· 1茶匙
鹽 ································· 少許

作法

1 鹹蛋剝殼切小丁、苦瓜切半後切斜片、青蔥切段、辣椒切斜片、大蒜切片。

2 炒香蔥段、辣椒、蒜片,加入苦瓜,淋下少許水翻炒,蓋鍋蓋燜2分鐘。

3 最後放鹹蛋,加少許鹽、鮮味粉拌炒幾下即可盛盤。

1

2

3

Point

屬客家小炒,苦瓜不苦、鹹蛋極香,各有特色卻又相容。

透明青玉甘香

鹹蛋炒苦瓜

2人份

鮮味十足的蚵仔料理

蚵仔炒蛋

4人份

Point

家常小菜，營養非常豐富，成長期的兒童請多利用。

材料

蚵仔	半斤
鮑魚菇	8朵
雞蛋	4個
青蔥	2支

調味料

鹽	1湯匙
香油	1湯匙
太白粉水	1湯匙
葵花油	5湯匙
胡椒粉	少許

作法

1 蚵仔洗淨沾太白粉。鮑魚菇去掉老根、青蔥切粒、雞蛋加點水用力打成泡沫狀。

2 油鍋燒熱放油，爆香蔥花、炒蚵仔。

3 加入鮑魚菇至軟。

4 最後倒入蛋液及調味料燴炒，再撒下一點蔥花即可。

1

2

3

4

材料

豆腐皮 …………… 5張
絞肉 ……………… 2兩
雪菜 ……………… 4支
毛豆 …………… 2湯匙
海苔 …………… 4小片

調味料

鹼粉 …………… 1/3碗
葵花油 ………… 3湯匙
醬油 …………… 1茶匙
鮮味粉 ………… 1茶匙
鹽 ……………… 1茶匙
香油 …………… 少許

作法

1 鹼粉加5碗水拌勻，泡豆皮約20分鐘後，沖水洗淨撕成片狀，1張大約撕成6片。雪菜洗淨後切粒狀、毛豆剝皮、海苔剪成絲狀。

2 油鍋燒熱炒雪菜、絞肉、毛豆、豆皮。

3 加入半碗水用小火烹煮，多翻炒至豆皮呈乳狀，再加調味料炒勻即可。

4 用比飯碗稍大的中碗，在碗底抹上香油後，放入海苔絲，再將炒好的食材盛入中碗裡壓緊、倒扣在盤子上即可。

1

2

3

4

4人份

豆皮變豆腐的魔法

雪菜豆腐皮

Point

素食者不需放絞肉，炒香時放花椒粒爆香就可以了。

CHAPTER 3

燴煮蛋、豆腐

熱騰騰的燴料，在鍋中翻騰，
淋上白嫩豆腐的瞬間，引爆誘人撲鼻香氣！
燉鍋、慢火的細細煨煮，讓味道也一點一點地滲入，
一口咬下，裡裡外外都香軟好吃。

★咖哩豆腐
★海鮮豆腐
★鹹魚雞粒豆腐
★燴紅白
★豆瓣豆腐
★椰奶豆腐
★豆腐肉丸子
★豆腐鯛魚湯
★綠茶豆腐
★蝦醬豆腐
★紅燒鯽魚豆腐
★腸旺豆腐
★滷味拼盤

神祕的印度風味

咖哩豆腐

2人份

Point

燴的時候注意水是否燒乾,不夠要隨時加水。可以換成牛肉、雞肉,只是煮牛肉時間必須為70分鐘。

材料

板豆腐	1塊
馬鈴薯	1/2個
紅蘿蔔	1/2根
五花肉	4兩
青蔥、香菜	各1支
洋蔥	1/4個
薑片	3片

調味料

米酒	2湯匙
葵花油	1.5碗
鹽	1茶匙
咖哩塊	2塊
香油	少許

作法

1. 五花肉加薑、酒、青蔥煮30分鐘後切小塊;豆腐、馬鈴薯、紅蘿蔔也切成小塊、洋蔥切粒。

2. 葵花油燒熱,把豆腐炸至焦黃後撈出、瀝乾。

3. 油鍋裡多餘的油倒出僅剩2湯匙油,炒洋蔥,再放馬鈴薯、紅蘿蔔拌炒,最後加入咖哩塊、鹽,以及半碗水,蓋住鍋蓋燜5分鐘。

4. 所有煮過的食材及炸豆腐一起燴合燜5分鐘就完成。

2

3

4

材料

板豆腐	1塊	毛豆	2湯匙
海參	1隻	蛤蜊	半斤
蝦仁	2兩	玉米筍	5支
香菇	2朵	薑片	3片
		銀杏	10粒

調味料

葵花油	3湯匙
鮮味粉、胡椒粉	各1茶匙
蠔油	1湯匙
高湯	1/2罐
太白粉水	1/2碗
香油	少許

作法

1 豆腐切成丁、海參洗去腸子切滾刀塊、蝦仁去掉背泥、香菇泡軟切片、玉米筍切斜片，銀杏泡軟。

2 油鍋燒熱炸香薑片後撈出，先炒香菇後依序加入材料，海參最後放才不會老。

3 加入調味料與高湯，燒開後用小火燜。待湯汁收乾後勾芡，倒入熱砂鍋後淋下香油即可。

4人份

豪華無敵料理

海鮮豆腐

Point

豆腐餐裡屬這道最豪華，當然若是放鮑魚、干貝、魚翅之類的材料就成為宴客最佳料理囉！

鹹魚雞粒豆腐

4人份

Point

砂鍋可以保溫，冬天裡做一道豆腐煲可以溫暖全身。

材料

板豆腐	1塊
雞胸肉	1片
鹹鮭魚	2片
青豆、紅蘿蔔丁	各2湯匙
薑	2片
熟銀杏	10粒

調味料

葵花油	3湯匙
米酒	2湯匙
醬油	1湯匙
鮮味粉	1茶匙
太白粉水	1/3碗
鹽	少許

作法

1 雞肉、豆腐切丁；鹹鮭魚、紅蘿蔔切小丁；薑切成末。

2 油鍋燒熱，炒香薑末、雞肉丁、鮭魚丁、銀杏、紅蘿蔔、青豆，並加入鹽、醬油、鮮味粉、米酒。

3 加入豆腐後改小火，加點水，蓋住鍋蓋讓它慢慢入味，最後加太白粉水勾芡。

4 砂鍋先燒熱，將做好的豆腐煲放進砂鍋裡即可上桌。

材料

鴨血 ……………………1塊
板豆腐 …………………1塊
酸菜 ……………………2片
青蒜 ……………………1支
蒜末 ……………………1湯匙
薑末 ……………………1湯匙

調味料

醬油、香油 …各1湯匙
辣豆瓣醬 ………1.5湯匙
米酒 ……………………2湯匙
葵花油 …………………3湯匙
花椒粒 …………………1湯匙
太白粉 …………………2湯匙

作法

1 鴨血、豆腐均汆燙，冷卻後切成長片。

2 酸菜、青蒜切絲；蒜、薑切成末。燒熱油鍋炸花椒粒至香味出來，撈出花椒粒，再放入酸菜炒蒜、薑末。

3 最後加入豆腐、鴨血、醬油、香油、辣豆瓣醬、太白粉，燜至入味後，撒下青蒜絲拌炒即可。

1

2

3

4人份

雙色豆腐鮮滋味

燴紅白

Point

「燴紅白」屬重口味的四川小菜，着村四川籍媽媽們的最愛。

4人份

豆瓣豆腐

Point

只要加上麻辣粉,就變成四川招牌「麻婆豆腐」啦!

材料

板豆腐	1塊
絞肉	2兩
青蔥	3支
大蒜	5粒
薑	2片

調味料

蠔油	1茶匙
甜麵醬	1茶匙
辣豆瓣醬	1湯匙
太白粉水	1/2碗

作法

1 豆腐切成丁,薑、蒜、蔥均切成粒狀。

2 油鍋燒熱後,拌炒調味醬,接著加薑、蒜、蔥白,炒香後擺入豆腐,鍋鏟朝下輕輕移動豆腐使其混合,加點水後蓋住鍋蓋燜3分鐘,開小火可以將時間拉長,讓它入味。

3 勾芡後盛盤,撒下蔥粒即可。

2

3

材料

板豆腐 …………… 1塊
雞胸肉 …………… 1片

調味料

葵花油 ……… 3湯匙
鹽 …………… 1茶匙
果糖 ………… 1茶匙
醬油 ………… 1茶匙
酒 …………… 1湯匙
椰奶 ………… 1/2罐
辣椒粉 ……… 少許

作法

1 大蒜切末，青蔥切粒，雞肉、豆腐切小塊。

2 油鍋燒熱，爆香蔥花、蒜末，再加入雞肉、豆腐一起拌炒。

3 加入調味料及椰奶一起燜2分鐘，偶而用鍋鏟朝下慢慢移動，免得燒焦即可。

1

2

3

2人份

細滑奶香南洋風

椰奶豆腐

Point

南洋風味的椰奶，
上桌前撒些辣椒粉
更美味。

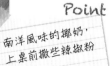

材料

嫩豆腐	1盒
絞肉	半斤
香菇	4朵
青江菜	6株
雞蛋	1個
辣椒	1支
薑	2片

調味料

太白粉	1湯匙
鹽	1茶匙半
胡椒粉	少許
高湯	1/2罐
米酒、香油	1湯匙
鮮味粉	1茶匙
太白粉水	1/3碗

作法

1 半盒豆腐擠乾水分，半盒切成丁塊狀。薑切成末、青江菜汆燙後放盤底。

2 絞肉加進薑末、蛋、太白粉、豆腐、鹽、胡椒粉攪拌均勻。

3 捏成丸子，蒸約15分鐘。

4 炒鍋燒熱後，加入高湯與1碗水煮豆腐與香菇，並加調味料，再倒入太白粉水勾芡，撒下辣椒絲、香油與肉丸子燴合即可。

QQ彈彈清爽美味

豆腐肉丸子

4人份

Point

丸子不要煮太久，因為之前已經蒸熟了，燴炒一下就起鍋才會嫩嫩的。

山珍海味湯

豆腐鯛魚湯

2人份

Point

新鮮的魚類都可與豆腐同烹調,隨季節變化,魚類也能成為另一道菜。

材料

嫩豆腐	1塊
鯛魚	1/2尾
海帶芽	半碗
薑絲	1湯匙

調味料

米酒	1湯匙
高湯	1罐
鮮味粉	1茶匙
鹽	1茶匙半
香油	少許
胡椒粉	少許

作法

1 海帶芽泡水5分鐘、豆腐切片;鯛魚去魚骨、切片用米酒泡著。

2 鯛魚上面鋪著薑絲,清蒸約10分鐘備用。

3 同時煮高湯加1碗水放入海帶芽,20分鐘後加入豆腐與所有調味料,燒開後放入蒸好的鯛魚融入湯裡即可。

1

2

3

材料

嫩豆腐	1盒
綠茶粉	2湯匙
袖珍鮑魚菇	6朵
枸杞	20粒
青豆	1/3碗

調味料

高湯	1罐
鹽	1茶匙
鮮味粉	1茶匙
太白粉水	1/2碗
香油	少許

作法

1 豆腐切丁,鮑魚菇、青豆、枸杞均沖洗瀝乾備用。

2 高湯加入清水1碗,將所有材料加入烹煮,最後加入豆腐。

3 煮開後再加上鹽、鮮味粉、綠茶粉。

4 煮約3分鐘後勾芡,裝盤後淋下香油即可。

2人份

翠綠養生羹

綠茶豆腐

Point

淡淡的清香,涼了也很好吃,夏天食欲不振時可換換口味。

南洋風味豆腐
蝦醬豆腐

2人份

Point
最兼顧營養與口味的
一道菜。

材料

板豆腐	1塊
銀杏	10粒
花椰菜	1/2棵
金針菇	1/2碗
洋蔥	1/2個
青蔥	1支

調味料

葵花油	3湯匙
酒	1茶匙
蠔油	1茶匙
鮮味粉	1茶匙
蝦醬	2茶匙
太白粉	1/2碗

作法

1 豆腐切丁、洋蔥切粒、銀杏泡熱水、花椰菜切片、金針菇洗淨切掉老根、青蔥切段。

2 起一油鍋炒蔥段、洋蔥、銀杏、花椰菜，再將所有調味料、蝦醬加入炒勻。

3 加入豆腐及少許的水，燜煮至入味。

4 加金針菇至軟，勾芡即可。

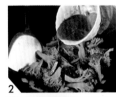

材料

板豆腐 …………… 1塊
小鯽魚 …………… 6尾
蔥 ……………… 3支
辣椒 ……………… 2支

調味料

葵花油 …………… 2碗
酒 ……………… 1/2碗
蠔油 …………… 2湯匙
鹽 ……………… 少許
醬油 …………… 1湯匙

作法

1 魚去除內臟，洗乾淨後，吸乾水分。豆腐切丁、蔥切段、辣椒切絲。

2 豆腐炸至呈金黃色撈起，再放入魚油炸，同樣也炸成金黃色。

3 油鍋放少許油，加入調味料及材料和1碗水，燒開後放入豆腐與鯽魚，用小火慢燉至醬汁收乾即可盛盤。

1

2

3

Point

豆腐完全吸收鯽魚與醬料的鮮美,也豐富了豆腐的品質。

乾香魚豆腐

紅燒鯽魚豆腐

4人份

九轉柔腸滋味難忘

腸旺豆腐

2人份

Point

鐵鍋容器必須先燒熱,使其容器內的食物保溫,是冬天裡的最佳用具。

材料

板豆腐	1塊
滷大腸	2段
熟銀杏	20粒
鴨血	300公克
青蒜	2支
薑片	2片

調味料

葵花油	3匙
辣豆瓣醬	1湯匙
蠔油	1湯匙
鮮味粉	1茶匙

作法

1 滷豬腸切斜薄片,青蒜洗淨切段,鴨血、豆腐切成片。

2 炒鍋熱過,放油煎豆腐至雙面焦黃。

3 加入鴨血、豬腸,放入薑片、調味料及少許的水後,開小火燜至入味,盛放鐵鍋容器內,灑下青蒜即可。

1

2

3

10人份

一鍋金黃好味道

滷味拼盤

Point

滷味是最早學習做菜的作法，滷汁可以滷翅、腿、內臟，滷一鍋就可以吃得很豐盛。

材料

雞蛋	10個
百頁豆腐	1塊
鵪鶉蛋	15個
豬肉	1斤
蔥	2支
蒜	6個
滷包	1包

調味料

糖、米酒	各2湯匙
鹽	1湯匙
醬油	1.5碗
水	4碗

作法

1 所有的蛋用冷水煮開後，轉小火煮約20分鐘熄火，撈起放入冷水。

2 待涼後，用筷子輕輕敲打蛋殼。

3 沿著裂縫小心剝殼。

4 油鍋裡炸香豬肉炸至焦黃，加入蔥蒜、調味料、米酒、滷包，燒開後改小火慢燉，再將豆腐、蛋加入，滷至入味。

CHAPTER 4

煎炸蛋、豆腐

有蛋有豆腐，全部打散揉一揉，
捏一捏，壓一壓，煎炸口感咔滋咔滋，
濃郁油香味，一口接一口。

材料

板豆腐	1塊
雞蛋	1個
麵包粉	1碗
麵粉	2湯匙

調味料

葵花油	5碗
番茄醬	2湯匙
胡椒鹽	1湯匙

泡沫紅茶店頭牌點心

炸脆豆腐

作法

1 豆腐切成丁,一顆顆沾上麵粉。

2 沾完麵粉,裹上蛋液。

3 全部的豆腐再裹上麵包粉。

4 油鍋燒熱,以小火5、6塊地陸續放入油鍋,炸至金黃色即可,撈起瀝乾就完成了。

2

1

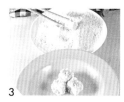

4

3

Point

調味料可以依喜好準
備多種變化，蒜蓉、番
茄醬、胡椒粉，都很
美味。

4人份

131

材料

板豆腐	1塊
雞蛋	2個
起司	2片
小黃瓜	2條
青豆	3湯匙
麵包粉	1碗

調味料

葵花油	5碗
果糖	2湯匙
花生油	5碗
玉米粉	1/2碗
胡椒粉、鹽	少許
番茄醬	少許

作法

1 青豆煮熟放涼水後捏破、起司切小片狀、雞蛋打散、小黃瓜切絲。豆腐用紗布包住擠出水分，並與青豆、玉米粉、果糖、鹽拌均勻。

2 捏成一團加入起司條，捏成可樂餅狀。

3 將可樂餅一一沾上蛋液，再沾上麵包粉。

4 油鍋燒熱後，以中火炸可樂餅至焦黃即可。

1

1

2

3

4人份

圓滾滾的奶香

豆腐可樂餅

Point

豆腐也可以做成甜點當成零食，不喜歡吃豆腐的孩童就被騙了。

蝦仁豆腐捲

4人份

Point

多做些放冰庫可存放1個月左右,油炸前須待退冰後,才可入油鍋。

材料

板豆腐 ……………1/2塊
蝦仁 ………………2兩
餛飩皮 ……………8張
青蔥 ………………1支
白芝麻 ……………1湯匙

調味料

葵花油 ……………5碗
果糖 ………………1茶匙
鹽 …………………1茶匙
醋 …………………1茶匙
花生油 ……………5碗
胡椒粉 ……………少許

作法

1 板豆腐用紗布包住擠出水分、蝦仁剁成泥、青蔥切末,全加上調味料拌勻。

2 餛飩皮四邊沾水包餡。

3 油鍋燒熱後,用中火炸豆腐捲,炸至焦黃撈起。

4 將豆腐捲沾白芝麻即可。

材料

板豆腐	1塊
蛋	1個
鯛魚	1/3尾
馬鈴薯	1/2塊
薑末	1茶匙
蔥末	1茶匙

調味料

葵花油	3湯匙
胡椒粉	2茶匙
玉米粉	2湯匙
鹽	少許
香油	1茶匙

作法

1 魚肉剁成泥、豆腐捏乾水分。

2 將馬鈴薯煮熟並搗成泥、蔥薑切成末。

3 所有材料與調味料拌均勻，用手捏成乒乓球狀。

4 油鍋燒熱放少許油，以小火將球狀的餡一個一個用鍋鏟壓平煎，雙面煎至焦黃即可。

1

2

3

4

4人份

薄薄鬆脆鹹餅乾

漢堡豆腐餅

Point

乍看之下以為是餅乾，可以夾在麵包裡，再夾些生菜，吃起來自有特殊的風味。

蛋捲鮪魚餅

5人份

Point

可多換不同材料，如玉米粒、培根火腿，依口味變化。沾醬汁熱食最好。

材料

雞蛋	5個
水餃皮	5片
鮪魚	1罐
海苔	1大張

調味料

葵花油	5湯匙
醬油膏	2湯匙
番茄醬	2湯匙

作法

1 餃子皮灑些蔥花用麵棍桿平、雞蛋打散、海苔剪5公分寬。

2 油鍋燒熱放1湯匙油，倒入1個蛋的蛋汁，慢火煎成蛋皮。

3 麵皮放在蛋皮上一同翻面，煎約20秒。

4 再翻回正面放鮪魚就熄火，將蛋皮捲成圓筒形，用海苔包住外圍即可盛盤。

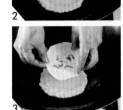

Tasty Noodle dishes

\Part 3/
家常麵料理

想要煮一碗香氣誘人的麵，其實很簡單，

不論是炒麵、湯麵、還是傳統小吃米苔目、

粿仔條、豬腳麵線等，只要掌握好煮麵條的訣竅、

配上喜歡的材料、淋上細心熬的湯頭，

就能輕鬆煮碗麵 Q 湯濃的好麵來。

煮一碗溫暖人心的好麵

麵食的單元，採集了中國各省地方風味，有辛辣的、清淡的，甚至還把觸角伸至國外。中國菜本身的差別就很大，每個地方或種族的嗜好都不盡相同，唯一類似的，是都有吃麵的習慣。吃麵絕對不陌生，但你是不是只會煮某一種？現在無須走遍大江南北，只要在自家廚房，就可以做出各地的特色麵食。我曾走過許多大都市，不管是大飯店的豪華料理，還是街頭小吃的庶民品味，還有那些藏在各地的原味鄉土料理，以及家庭裡媽媽的味道，總是被我照單全收印在腦海裡，忍不住嘗新研究起來。

麵食除了方便容易外，一碗好麵，更能溫暖吃麵人的胃。話說有天我做了一道湖南口味的「鴨肉皮蛋麵」給我家老先生當午餐，他邊吃邊掉淚告訴我，終於吃到小時候在家鄉時，母親親手烹調的麵食。雖然那是六十多年的事，但味道卻是那麼熟悉。那種對母親的思念，竟然靠著一碗麵，反芻出媽媽的味道，實在讓人讚歎。

在忙碌的現代社會裡，總覺得時間不夠用，如果學會幾道麵食的作法，將會受益是無窮。只要選擇自己喜歡的口味，就可以兼顧營養與開銷，並節省時間，何樂而不為呢？

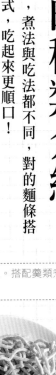

麵條的種類介紹

不同種類的麵，煮法與吃法都不同，對的麵條搭上對的調理方式，吃起來更順口！

刀削麵

特色 粗粗的，由一團麵以刀直接削成，非常有嚼勁。山西刀削麵為最優出品，以木須炒麵為上品。

用途 煮湯、炒麵都適宜。

TIPS 由於刀削麵兩頭尖尖、中間很厚，煮的時候要悶一下，才能煮透麵心又不會太爛。

手工寬麵

特色 寬寬的，略有厚度，通常不是很工整的麵型，會有一點捲捲的扭曲狀。

用途 適合煮紹子麵、拌麵、牛筋麵、酸辣麵，因為耐煮又Q，喜歡吃麵的人會很過癮。

TIPS 由於是手工麵，溼度很夠，煮的時候不要煮太久。搭配羹類煮，混著羹汁滑溜溜地，呼嚕一聲就進肚了。

大麵

特色 非常特別的麵條，配上蘿蔔乾，十分好吃。

用途 製作大麵羹專屬的麵條。

TIPS 含鹼量很多，事前準備功夫要足，一定要加小蘇打粉泡水1個小時，再徹底沖乾淨，才能下水煮。

烏龍麵

特色 滑溜軟Q，白白胖胖、圓圓的麵條，久煮不爛。

用途 非常適合做成鍋燒麵，跟著湯汁一起吃，很順口，做成烏龍炒麵也不錯。

TIPS 烏龍麵本身算是一種熟麵，可以直接下鍋煮。

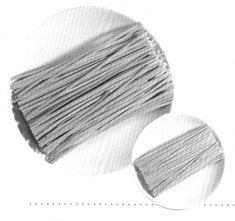

蔬菜麵

特色 是乾麵條，通常有紅色的蘿蔔麵、綠色的蔬菜麵2種，以機器製作，長短一致顏色又非常鮮豔。

用途 做成涼麵非常漂亮。

> **TIPS** 由於是乾燥麵，本身水分極少，煮的時候一定要悶一下，才能煮透。

細麵

意麵

特色 可塑性非常大的麵條。扁扁的，略寬，非常容易煮透。

用途 做成各種湯麵都適合，做成乾拌麵、咖哩雞麵，也能很快吸收味道。

> **TIPS** 意麵很薄，煮的時候通常滾一次就幾乎熟了，要趕快撈起來，不然麵條很容易斷掉，不好料理。

麵線

特色 麵如其名，很細，就像絲線一樣，用紅線扎成一捆捆的，非常柔軟好消化，而且是有福氣的象徵。

用途 通常會做成豬腳麵線、蚵仔麵線、壽麵。

> **TIPS** 麵線就是要長長的，煮麵線時不要一直攪拌，不然容易斷。另外，麵線雖然不容易爛，但最好還是當餐吃完，不然反覆加熱，就會變成麵線糊了。

油麵

特色 又稱黃麵，因為顏色在所有麵類中算是很鮮豔的黃色。是熟麵，所以不用煮過，可以直接烹調；很有彈性，可以比作中式的義大利麵。

用途 涼麵、台式炒麵、魷魚羹麵或是海鮮炒麵都很適合。

> **TIPS** 油麵很香，本身也有鹹味，烹調時調味料可以不用太重，吃起來會比較清爽。

陽春麵

特色 大街小巷中迷人的香味，大概是所有人都吃過的麵。

用途 不用很複雜的烹調，加點油蔥頭、配上豬骨高湯，就是令人垂涎又溫暖的家鄉味。

TIPS 陽春麵跟意麵一樣都很薄，煮麵時要留意不要煮太久，免得過於軟爛，失去口感了。

非麵的麵

米苔目

特色 跟烏龍麵長得有點像，都是白白圓圓的，不過米苔目的特色是比較鬆軟，而且是米做的。

用途 最特別的地方是甜的鹹的、涼的熱的都好吃。冰冰甜甜的米苔目冰，是台灣小吃中最神奇的夏天涼品。

TIPS 由於是米製的，黏度不高，不會結成一團、或是黏鍋底，但是容易斷掉，所以烹調時要注意，以筷子小心攪拌。

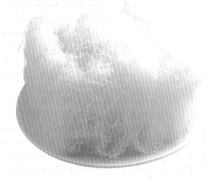

米粉

特色 乾燥的時候有點透明，煮熟後有點像白色的線。

用途 最常見的作法是米粉湯、炒米粉，很香。

TIPS 米粉要先泡熱水，泡軟後稍微煮一下就可以料理了。不過若是煮湯，要現煮現吃，不然米粉很會吸水，不馬上吃完湯汁會被吸光、米粉也會變得太軟。

冬粉

特色 又稱粉絲、粉條、綠豆粉絲，綠豆製品。是乾燥麵，煮後有彈性，非常透明，做成涼拌襯著翠綠的蔥絲、豔紅的辣椒絲，可口動人。

用途 適合乾拌，尤其是涼拌著吃，煮一下就撈起來拌點橄欖油。

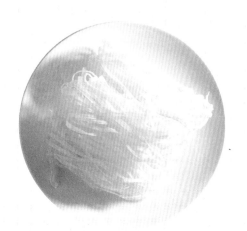

粿仔條

特色 也稱板條，米製的寬扁麵條，傳統的板條比較Q，很有彈性，現在有的板條則是做得比較鬆軟。

用途 道地的客家小吃料理，煮或炒都適宜。

TIPS 耐煮不易爛，非常滑溜，吃的時候小心別讓他溜走，不然湯汁會濺得滿身喔！

蒟蒻麵

特色 無熱量的減肥聖品，造型多變，吃的時候很有視覺樂趣。

用途 買回來可以直接拆封料理，拌點柴魚醬、淋上味噌湯，或是丟進滷味裡一起滷一下，都很好吃。

TIPS 多吃無害，口感也不錯，可謂是科技下的厲害產品。

如何熬出一鍋好高湯

好湯頭，是一碗好麵的精華。清爽的，能襯托出食材的鮮美；濃郁的，可以喝一口就吸收山珍海味精華。只要有心，誰都能熬出好湯頭！高湯可以分成兩種，「蔬菜高湯」、「山珍海味高湯」。

蔬菜高湯

放入高麗菜、青椒、紅蘿蔔、玉米、洋蔥等，熬成一鍋，全都以蔬菜為湯底。

花費時間 1小時

山珍海味高湯

由「山珍」排骨、雞骨、金華火腿，與「海味」干貝，以及薑、蔥、米酒熬成一鍋的高湯。煮沸水，放入所有材料小火慢熬即可。

花費時間 2小時

1 放入干貝或雞骨、豬骨。

2 放薑片。

3 放入蔥與米酒。

TIPS
■ 熬肉類的高湯時，先把肉煮一遍洗掉血水，再重新加入材料與薑、蔥、米酒一起熬煮。
■ 熬高湯時如有浮沫請撈掉，這樣整鍋湯會很清爽。
■ 一次熬一鍋高湯，如果用不完，可以放到製冰盒或是塑膠袋裡，冷凍成塊，下次要用時，直接像高湯塊一樣放進鍋裡融化，就有現成高湯囉！

煮麵的技巧與祕訣

好吃的麵，除了用料新鮮、調味得宜，千萬別忘了主角麵條要煮得軟硬適中，柔軟又有彈性，才是一碗好麵！

濕麵 （軟麵條、新鮮麵）

1 下麵

一般的湯鍋水要放7分滿以上，滾沸後放下麵條煮，因為水未滾就放下麵條，容易沉澱、爛糊成一團。

訣竅 水要多，還要滾

2 攪拌

濕麵容易煮，不過一邊煮要一邊攪拌，才不會黏在鍋底。

訣竅 多攪拌不黏底

3 加冷水

水沸下麵後約3分鐘就會煮開，當水泡浮起來的時候，加1碗冷水，讓水溫整個下降，再煮一下，這樣麵心才會煮透。

訣竅 起泡加水再滾一次

4 撈麵瀝乾

第二次煮滾後，用篩子把麵撈起，甩兩下瀝乾麵粉水，才不會糊糊滑滑的。

訣竅 瀝乾水分麵條清爽

5 過冷水

過冷水、甚至放點冰塊一起泡，可以讓麵條變得QQ的。有些麵煮出來會變糊，洗過再料理，吃起來會比較清爽。

訣竅 冰鎮收縮麵 QQ

6 加入料理一起和

不管是湯麵、炒麵、乾麵，麵條一定是另外煮好，其他材料起鍋前再加入麵條一起煮，這樣材料與麵條都能保有自身最佳的熟度、也不會糊在一起，才能算是一碗好麵。

訣竅 分開煮，一起燴

乾麵 （硬麵條、乾燥麵）

1 下麵

2 攪拌

3 加冷水

因為麵條本身水分很少，所以加上冷水後要蓋鍋蓋，用悶的把麵心給悶透，否則會吃到中間還沒熟的麵粉。

4 悶

乾麵除了要多煮3分鐘之外，還要蓋上鍋蓋悶到起泡再熄火。

訣竅 加壓煮透心

5 撈起

6 過冰水

7 瀝乾

8 拌橄欖油

用乾麵條做炒麵時，煮熟、撈起過冷水、瀝乾後，加點橄欖油一起拌勻，讓麵條根根分明滑溜，才不會黏成一大團，不方便吃。

訣竅 油油滑滑不結團

TIPS
- 麵跟料一起和時，用筷子來拌麵，這樣麵條才不會斷掉變成一小段一小段的。
- 如果是湯麵，麵煮好時先放在碗裡，再淋上湯頭與材料，湯汁會比較清爽。

炒麵

炒麵最迷人的部分，就從熱油鍋爆香蔥蒜的那一刻開始。拍蒜切蔥，唰地入鍋爆香，撒下調味料快速翻炒，麵條在鍋中彈跳上色，一盤誘人的炒麵，即刻端上鍋！

1 炒麵時先熱油鍋，再爆香香料。

2 加上調味料。

3 放入材料 先放肉類拌炒。

4 放入材料 後放菜類拌炒。

5 加入事先煮好的麵拌炒。

TIPS
■炒麵要先把麵條煮好備用。
■炒材料時是以香料為先，再炒肉類、肉絲、海鮮，最後才是蔬菜類。

CHAPTER 1

黃金炒麵

絕對的香氣誘惑，絕對的金黃美食色調，
都在一盤簡單的炒麵裡。
在熱油的滋滋響中，炸香的青蔥，
加上所有材料一起大火快炒，在揮動菜鏟的快感中，
好吃的炒麵就上桌！

4人份

三鮮炒麵

Point

海鮮稍微先燙一下就好，這樣再炒過才不會變得太老。

材料

熟油麵	4團
魷魚	半隻
墨魚	1隻
蝦仁	2兩
香菇	2朵
薑片	2片
青蔥	2支
辣椒	1支

調味料

芥花油	3湯匙
蠔油	1匙
胡椒粉	少許
鹽	少許

作法

1 魷魚、墨魚洗淨切斜紋長方形，蝦仁挑出泥沙，全部汆燙後撈出放入冷水中待涼，再撈出瀝乾。

2 油鍋燒熱爆香薑片、青蔥、辣椒、香菇後，加入調味料拌勻，再加入海鮮快炒。

3 起鍋前加入油麵拌炒幾下即可。

2

3

黃金炒麵

材料

意麵 ………… 4人份
蛋黃 ………… 2個
洋菇 ………… 5個
青蔥 ………… 2支
洋蔥 ………… 1/2個

調味料

奶油 ………… 1小塊
黑胡椒粒 …… 1茶匙
鹽 ……………… 1茶匙
橄欖油 ……… 2湯匙

作法

1 將蛋黃與蛋白分開，只取蛋黃打散。將洋蔥切粒、洋菇切片、培根切段。

2 奶油放入平底鍋融化燒熱，先加入洋蔥、培根煎香，再加入洋菇拌炒。

3 倒入蛋黃液翻炒，讓蛋黃裹住所有材料燴香。

4 放橄欖油並加入煮熟的麵混合，一起燴炒，入味後熄火，灑下蔥花翻炒均勻即可盛盤。

1

2

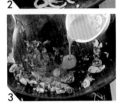

3

4人份

金黃蛋香培根脆

西洋風味麵

Point

中式的意麵與西式的材料搭配，為生活加點變化。

花蛤仔麵

2人份

Point

花蛤仔雖小，但肉質飽滿鮮美，與麵炒在一起吸收湯汁，一點也不浪費。

材料

熟油麵	2團
花蛤仔	1斤
番茄	1個
洋菇	10朵
洋蔥	1/2顆
九層塔	數片

調味料

芥花油	3湯匙
蠔油	2湯匙
鹽	1茶匙
胡椒粉	1茶匙

作法

1 所有的材料洗淨，番茄、洋蔥均切粒，洋菇切片、花蛤仔泡水吐沙備用。

2 油鍋燒熱放入洋蔥、洋菇、九層塔拌炒，再加入花蛤仔翻炒。

3 加入調味料後，放入油麵與麵拌炒在一起。

4 起鍋前再加入番茄丁翻炒，即可盛盤。

材料

陽春麵 ············· 2團
蝦仁 ··············· 4兩
番茄 ··············· 1個
雞胸肉 ············· 1片
青蔥 ··············· 2支
洋蔥 ············· 半個

調味料

芥花油 ········· 2湯匙
鹽 ············· 1茶匙
蠔油 ··········· 1茶匙
黑胡椒粒 ······ 1茶匙
太白粉 ········· 1湯匙

作法

1 雞肉切片加入少許的調味料及太白粉醃漬。

2 蝦仁去除背上泥條、洋菇切片、洋蔥、番茄切丁，青蔥切粒備用。

3 油鍋燒熱後，先炒洋蔥爆香，再放入洋菇、雞肉片、蝦仁一同翻炒。

4 加入調味料後與煮熟的麵一起燴炒，起鍋前放入番茄丁、青蔥粒拌炒即可盛盤。

不加味的柔嫩滋味

蝦仁雞麵

2人份

Point

具有豐富的蛋白質，最適合成長中的小朋友食用。

廣東炒麵

2人份

Point

麵餅要煎得脆脆的，配上滾燙的芶芡醬料，卡哩卡哩的吃最過癮！

材料

熟油麵⋯⋯⋯2人份
魷魚⋯⋯⋯⋯半隻
墨魚⋯⋯⋯⋯1隻
木耳⋯⋯⋯⋯2大片
綠竹筍⋯⋯⋯1支
豬肝片⋯⋯⋯10片
草蝦⋯⋯⋯⋯8隻
青椒⋯⋯⋯⋯1個
青蔥⋯⋯⋯⋯1支
洋蔥⋯⋯⋯⋯半個
紅辣椒⋯⋯⋯1支

調味料

芥花油⋯⋯⋯5湯匙
蠔油⋯⋯⋯⋯2湯匙
鮮味粉⋯⋯⋯1茶匙
胡椒粉⋯⋯⋯1茶匙
鹽⋯⋯⋯⋯⋯少許
太白粉水⋯2湯匙

作法

1 竹筍滾水煮20分鐘。木耳、青椒均切片，洋蔥切絲、草蝦剪鬚、魷魚、墨魚各切斜紋長形、紅辣椒切粒。

2 豬肝切片沾少許太白粉，先以滾水汆燙。

3 以熱油鍋小火煎油麵，煎到雙面焦黃即可。

4 洋蔥爆香，放入所有材料翻炒，加入調味料，最後勾芡燴料，滾熱後，淋在麵上即可。

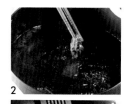

CHAPTER 2

熱呼呼湯麵

熱呼呼的湯汁，唏哩呼嚕配著麵條滑入喉，
搭著入味的配料，一口湯汁、一口麵，
夾上一大塊山珍海味，呼，真過癮！

魚麵甘泉

Point

魚的鮮美加上綜合蔬菜湯構成自然的甜美,營養俱備,多吃有益身體健康。

材料

意麵	1團
加納魚	半隻
魚丸	6個
小白菜	300公克
高麗菜	1/4顆
洋蔥	半個
紅蘿蔔	半根
大芹菜	2條
青椒	1個

調味料

咖哩	1湯匙
味噌	1湯匙
鹽	少許

作法

1 先將蔬菜類洗淨切成條狀,用一鍋清水把所有的蔬菜(小白菜除外),放入清水煮成蔬菜高湯,約30分鐘。

2 魚切片汆燙一下撈起,蔬菜高湯過濾渣質後與魚片混在一起。

3 用少許的水與咖哩、味噌拌勻後,倒入高湯裡,與蔬菜、魚片、魚丸同煮,最後加入鹽、小白菜即可。

4 另起一鍋水,煮好麵條後,撈起放入碗裡,接著將煮好的高湯倒入碗中。

材料
寬麵 ………… 1碗
里肌肉 ……… 2兩
刺參 ………… 1隻
綠竹筍 ……… 1支
豆腐 ……… 1/2盒
鴨血 ………… 3片
青蔥 ………… 2支

調味料
芥花油 …… 2湯匙
高湯 ………… 2碗
辣油 …… 1/2茶匙
醬油 ………… 1茶匙
醋 ………… 1湯匙
鮮味粉 ……… 少許
香油 ………… 少許
太白粉水 … 少許
胡椒粉 … 1/2茶匙

作法

1 所有的材料均洗淨，切條狀備用。

2 油鍋爆香蔥絲、肉絲、筍絲，加入調味料後再加入高湯，再放豆腐、鴨血、刺參。

3 待滾沸後，加入太白粉水勾芡。

4 寬麵煮熟瀝乾水分盛入碗中，再將煮好的酸辣湯淋入麵碗裡，再灑些蔥絲、胡椒粉即可。

2

3

1人份

享受流汗的暢快

酸辣湯麵

Point
冬天裡煮一碗酸辣湯麵，是不錯的享受。

彈牙的海味小吃

魷魚羹麵

Point

剛做好的魷魚羹溫溫的，非常軟嫩，在家做可以多放喜歡的食材。

1人份

材料

熟油麵	1團
水發魷魚	半隻
麵粉	1/3碗
冬筍	1支
香菜	少許

調味料

鹽、香油	各1茶匙
太白粉水	1/2碗
烏醋	1湯匙
高湯	2碗
醬油、鮮味粉	各少許
白胡椒粉	少許

作法

1 魚漿加麵粉、鹽、醬油少許就可，放點水攪拌。冬筍煮熟切絲備用。

2 把魷魚切成斜紋長方形，再裹上魚漿。

3 裹好魚漿的魷魚放入滾水中煮，待魚漿凝固後立刻撈起，就是魷魚羹。

4 高湯燒開後加入油、麵、調味料、魷魚羹、筍絲，最後勾芡，淋下香油、香菜即可。

2

3

材料

大麵(含鹼)	1斤
香菇	3朵
蝦皮	3湯匙
韭菜	200公克
紅辣椒	2支
紅蘿蔔	半條
碎蘿蔔乾	1碗
香菜	3株
大蒜	3粒

調味料

鹽、醬油、香油	各1湯匙
鮮味粉	2茶匙
胡椒粉	1茶匙
芥花油	半碗

作法

1 蘿蔔乾與辣椒、大蒜都切成粒，一同在鍋裡炒熟後盛在小盤裡備用。

2 大麵泡水10分鐘後，沖水洗淨麵上的鹼粉，再剪成3段備用。

3 所有的材料洗淨切絲，油鍋燒熱炸香蝦皮、香菇、肉絲、韭菜頭，依序炒香加調味料。

4 在炒鍋裡放水至水位高過所有材料，放入大麵以小火慢煮約50分鐘至爛。其間攪拌一下，免得麵粘在鍋底燒焦，起鍋前放紅蘿蔔絲及韭菜葉子翻攪幾下即可。

4人份

中台灣熱情小吃

大麵羹

Point

台灣中部獨有小吃，吃的時候加上香菜、香油、辣油，以及必備的辣蘿蔔乾，感受台中的熱情與豪邁。

火辣辣的滋味

泡菜火鍋麵

1人份

Point

冬天裡做鍋燒麵，溫暖全身，滑順的蛋黃在碗裡流動，滋味鮮美。

材料

烏龍麵	1人份
韓國泡菜	半碗
肉絲	2兩
蛤蠣	6個
蛋	1個
小白菜	2棵
豆腐	半塊

調味料

高湯	1碗
鹽	少許
鮮味粉	少許
香油	1茶匙

作法

1 瘦肉切絲、豆腐切片、小白菜洗淨切段。

2 先將麵煮熟，瀝乾盛在湯鍋裡。再加入高湯、1碗水、調味料以及全部材料，煮約5分鐘。

3 等泡菜入味之後，打個雞蛋即可起鍋。

2

3

材料

陽春麵	4團
排骨	1斤
筍干	15條
魚板	16片
青蔥	8支
薑	4片

調味料

米酒	2湯匙
味噌	2湯匙
鹽	2茶匙
鮮味粉	2茶匙

作法

1 筍干先泡水發起來後,與排骨以熱開水煮一遍後洗淨。

2 把筍干切5公分長,再與排骨、青蔥、薑片、米酒一起小火燉煮1個鐘頭。

3 加入味噌,再燜煮1個鐘頭備用。

4 另煮一鍋水煮麵條及魚板,煮好後撈起放入麵碗裡,加入燉煮好的筍干排骨湯,再於上面灑下蔥花即可。

1

3

4人份

日式味噌風味

筍干味噌麵

Point

屬日式口味,任何麵條都可以,分量多更好做,一道麵食全家享用。

材料

意麵	2團
魷魚	1/2隻
墨魚	1隻
蛤蠣	6個
草蝦	4隻
魚丸、魚板	10個
小白菜	4棵
金針菇	半碗

調味料

高湯	2碗
鹽	1茶匙
胡椒粉	1/2茶匙
香油	1湯匙

作法

1 墨魚、魷魚切斜紋長形狀後，與蝦仁同時汆燙一下，撈起置入冷水中。

2 麵煮熟後撈起備用，小白菜、青蔥洗淨切段。

3 高湯加水燒開，放入所有材料，加上鹽、胡椒粉調味，最後放小白菜、香油，即可盛入麵碗裡。

Point

集結海鮮的鮮味，豐富的營養是居住在海島地區所特有的幸福。

滿滿一碗海滋味

海鮮湯麵

2人份

熱騰騰的烏髮柔情

大滷麵

Point

集合食材的鮮美,達到色香味俱全、營養兼顧,一碗即可以飽餐一頓。

材料

刀削麵	2團
里肌肉	100公克
香菇	2朵
韭菜	4支
青蔥	1支
紅蘿蔔絲	2湯匙
金針、木耳	各2湯匙
髮菜、冬筍	各2湯匙

調味料

芥花油	3湯匙
鮮味粉、胡椒粉	各1茶匙
鹽	1茶匙半
香油	2茶匙
太白粉水	1碗

作法

1 韭菜、青蔥切段,其他材料均切絲備用。

2 將油鍋燒熱後,先炸香蔥段、爆香肉絲,再陸續加入其他材料翻炒。

3 放4碗水燒開,再掰入髮菜後,將調味料混合滷湯裡調勻,最後勾芡。

3

4 用一鍋水煮麵,熟後撈起瀝乾,盛入麵碗裡淋下滷湯即可。

4

材料

陽春麵	2團
豬肉絲	2湯匙
榨菜	2湯匙
滷蛋	1個
金針	半碗
香菇	2朵
碗豆嬰	1碗
紅蘿蔔絲	1/3碗
青蔥	2支

調味料

高湯	2碗
太白粉	1湯匙
白胡椒粉	1茶匙
香油、鹽、鮮味粉	各1茶匙

作法

1 燒水煮麵,熟後撈起瀝乾。

2 榨菜跟其他所有材料洗淨後,均切成細絲,金針泡水打結待用。

3 肉絲沾太白粉醃一下後,與所有材料一起放進高湯裡煮,燒開後加調味料再煮一下即可起鍋倒入麵上。

2

3

Point

清爽的蔬菜加上冰箱裡翻到的材料,加上榨菜就變得很好吃。

神奇的榨菜料理

什錦湯麵

2人份

清蒸無油香魚料理

雪菜黃魚麵

Point

中國沿海地區屬江浙人最喜歡魚麵的作法,清蒸的肥美黃魚,形狀完整口感好。

1人份

材料

陽春麵	2團
黃魚	1尾
雪菜	4株
薑	3片
青蔥	2支

調味料

鹽	1.5茶匙
米酒	2湯匙
高湯	2碗
鮮味粉	1茶匙
香油	1茶匙

作法

1 黃魚除去內臟洗淨,剁成6塊抹鹽後盛盤,淋上米酒、蔥、薑絲,用電鍋蒸約15分鐘。

2 雪菜洗淨後切約1公分小段備用;陽春麵先煮好擺進碗裡。

3 蒸好的魚,魚汁、高湯、雪菜一同煮約2分鐘。

4 煮好的雪菜黃魚湯,淋入碗麵裡,再滴下香油即可。

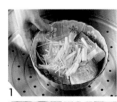

材料

陽春麵..................4團
牛腱 600公克
番茄 1個
小白菜................1斤
洋蔥 1個
薑片 3片
八角..................3個
紅、白蘿蔔......各半條

調味料

醬油、麻油....各2湯匙
辣豆瓣醬..........1湯匙
甜麵醬..............1湯匙
鹽......................酌量

4人份

作法

1 牛肉切成4公分寬,放入滾水煮出血水後,倒出洗淨瀝乾。洋蔥切條、番茄切片、小白菜切段、紅白蘿蔔切塊。

2 牛肉拌上全部的調味料醃漬約30分鐘。

3 油鍋燒熱放麻油,炸香八角、薑片、洋蔥後,放入醃好的牛肉翻炒,加4大碗水燒開後用小火燉煮60分鐘,最後放紅、白蘿蔔、番茄,煮20分鐘熄火。

4 麵煮好,小白菜汆燙後盛入麵碗、加入牛肉湯即可。

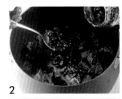

湯麵之王

牛肉麵

Point

市面上有許多牛肉麵的作法,屬這道作法最多。

CHAPTER 3

涼麵與乾拌麵

不想舞刀弄鏟，想要吃一些料理起來
簡單味美的主食時，
清爽的涼麵與乾拌麵就是一個不錯的選擇。
濃縮的甘香與嚼勁十足的口感，
醬調好、麵煮好，全部拌在一起就是好味道！

日式涼麵

紅白綠三重奏

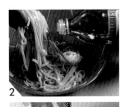

Point

白蘿蔔泥甜味中帶點辛辣的刺激，為味蕾帶來對比的享受。

材料

蔬菜麵(綠色)	2束
蔬菜麵(紅色)	2束
白蘿蔔	1條
海苔絲	4片
芝麻海苔鬆	少許

調味料

鰹魚醬油	3湯匙
橄欖油	2湯匙
冷開水	1湯匙
芥末	1茶匙

作法

1. 麵條放入滾水中，煮熟後放入冷水待涼，之後撈起瀝乾。

2. 加橄欖油於麵中攪拌均勻，以刀叉捲成團狀裝盤，海苔切絲灑在麵團上，再加芝麻海苔鬆。

3. 白蘿蔔用刮泥器刮成泥狀，放在紗布裡擠出水分。

4. 柴魚醬油加入水、芥末、蘿蔔泥，放置1小碗裡與涼麵混合食用。

材料

蔬菜麵 ……………2人份
鴻禧菇 ……………50公克
海帶芽 ……………1/2碗
芝麻 ………………少許

調味料

綠茶粉 ……………1茶匙
鹽 …………………1/2茶匙
果糖 ………………1茶匙
檸檬汁 ……………1茶匙
冷開水 ……………1茶匙
鰹魚醬油 …………2茶匙
橄欖油 ……………2湯匙

作法

1 蔬菜麵煮熟後，撈出置於冰水中，待涼後撈起瀝乾，盛入碗中，加入橄欖油拌勻備用。

2 海帶芽泡水30分鐘後，放入滾水中煮5分鐘撈起，再汆燙鴻禧菇，撈出備用。

3 綠茶粉與調味料混合拌勻淋在蔬菜麵裡，鴻禧菇與海帶芽也加進拌在一起，盛入盤裡再撒上芝麻即可。

1

2

3

2人份

翠綠清暑麵

抹茶涼麵

Point

夏天氣候炎熱，涼爽的麵條與海帶芽帶來的海味，使人暑氣全消。

五福涼麵

清爽低卡健康麵

材料

油麵2人份、小黃瓜2條、蛋2個
紅蘿蔔半條、洋火腿2片、香菇2朵

調味料

水果醋2湯匙、橄欖油2湯匙
醬油膏1湯匙、辣油1茶匙
鹽1茶匙、果糖1茶匙

作法

1 蛋打散入油鍋，慢火煎成
  蛋皮，涼後切絲。

2 香菇先汆燙後切絲；小黃
  瓜、紅蘿蔔、洋火腿、均
  洗淨切絲。

3 調味料全部混合在一起，
  再把麵、食材與調料拌在
  一起即可盛盤。

Point

口味清爽、作法簡單，
開胃又低卡洛里，是一
道健康麵食。

鴨絲皮蛋麵

大小鴨鴨協奏曲

材料

陽春麵2團、熟鴨肉4塊
皮蛋2個、青蔥2支
辣椒1支、大蒜2粒

調味料

辣油1湯匙、蠔油1湯匙
鹽少許、麻油酌量

作法

1 青蔥、辣椒洗淨均切絲；
  皮蛋切成條狀。

2 鴨肉撕成絲，與煮熟的麵
  一同與所有材料、調味料
  混合拌在一起盛盤即可。

Point

湖南地區的香辣重口
味，方便簡單又可口，
不妨試試看。

材料

陽春麵 ·······················2團
五花肉 ···············200公克
豆豉 ·······················1小包
辣椒 ·······················2支
青蔥 ·······················2支
大蒜 ·······················4粒

調味料

蠔油 ·······················1湯匙
醬油 ·······················1茶匙
香油 ·······················2湯匙

作法

1 五花肉切成小塊，放入豆豉、辣椒、大蒜、青蔥，加入醬油、蠔油醃漬10分鐘後，再用燉鍋蒸約40分鐘。

2 麵煮熟後撈起瀝乾，加入香油使麵散開備用，再燙青江菜。

3 材料蒸熟後，把湯汁倒入麵中與青江菜裡拌勻，再把蒸好的肉擺上去即可。

1

2人份

濃郁風味齒頰留香

豆豉香麵

3

Point

湖南家鄉味，重口味的可以再加辣油更顯辣勁。

道地的台灣味

肉燥麵

2人份

Point

台灣道地小吃，多做可以保存多日，食用時隨時取用，非常方便。

材料

油麵	2團
絞肉	200公克
紅蔥頭	6粒
蝦仁	8隻
豌豆嬰	1碗
青蔥	1支

調味料

葵花油	半碗
醬油	4湯匙
鮮味粉	1茶匙
果糖	1茶匙

作法

1 紅蔥頭洗淨剝皮切粒，倒入燒熱的油鍋炸至焦黃。

2 放絞肉一同炒香後，加上醬油、鮮味粉、果糖拌勻入味。

3 加入少許水燒開，並用慢火燉煮1個鐘頭。

4 將麵、豌豆嬰、蝦仁煮熟後，撈起瀝乾，淋下肉燥滷汁即可。

1

2

3

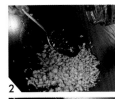

材料

陽春麵	2團
絞肉	200公克
豆干	3片
小黃瓜	2條
毛豆	100公克
大蒜	4粒

調味料

芥花油	4湯匙
醬油	2湯匙
辣豆瓣醬	1湯匙
甜麵醬	1湯匙

作法

1 豆干、大蒜切碎，毛豆剝皮洗淨，小黃瓜切絲備用。

2 油鍋燒熱後，先炸大蒜、醬料、醬油。

3 再將絞肉、豆干、毛豆陸續加入翻炒，改中火燜1分鐘熄火。

4 麵煮熟後撈入麵碗裡，將炸醬料淋入，再加些黃瓜絲即可。

豆干與毛豆的二重奏

炸醬麵

2人份

Point

四川口味的炸醬麵，家庭裡會多做些炸醬存用。用餐時只需要煮麵，簡單方便。

牛肉絲拌麵

單純原味享受

材料

寬麵1人份、牛肉絲4兩
蒜苗2支、辣椒1支

調味料

蠔油1湯匙、麻油1茶匙
鮮味粉少許、鹽少許
太白粉1湯匙、葵花油2湯匙

作法

1　麵煮熟後盛放碗中備用。牛肉切絲加入調味料、太白粉備用；青蒜洗淨切絲。

2　油鍋先燒熱至冒煙，倒入牛肉絲快炒。

3　加入辣椒、蒜苗拌炒幾下即熄火，再與麵拌在一起即可。

Point

牛肉絲與嫩蒜苗的搭配可口，簡單又省時間。

紹子麵

嚼不停的香辣拌麵

材料

寬麵2人份、絞肉2湯匙
香菇2朵、火腿2片、荸薺6顆
小黃瓜1支、紅蘿蔔1/4條
青蔥1支、大蒜2粒

調味料

麻辣油1湯匙、豆瓣醬1湯匙
醬油1湯匙、酒1湯匙
糖1茶匙、太白粉水2湯匙

作法

1　青蔥切粒，其他所有食材均切成丁，麵煮熟後瀝乾備用。

2　先將油鍋燒熱炒香蔥、蒜、辣豆瓣醬，再放肉絲翻炒後加入其他材料炒香，最後加調味料勾芡，即可淋在麵上。

Point

這是綜合江浙、四川口味的一道麵食。

擔擔麵

2人份

Point

作法簡單，香辣可口，
與炸醬麵最不同的是
調味料，各有千秋。

材料

陽春麵	2團
絞肉	200公克
豆干	3片
毛豆	2湯匙
香菇	2朵
青蔥	2支

調味料

芥花油	1.5湯匙
芝麻醬	2湯匙
麻辣油	1湯匙
鹽	1茶匙
果糖	1茶匙

作法

1 香菇泡軟後切丁、青蔥切粒、豆干切丁備用。

2 將所有調味料混合。油鍋燒熱炒香菇、絞肉、豆干、毛豆後，與混合好的調味料拌勻備用。

3 麵煮熟後撈出瀝乾，與材料勻拌即可。

材料

刀削麵 …………………… 2碗
雞胸肉 …………………… 2片
青蔥 ……………………… 2支
大蒜 ……………………… 4粒

調味料

麻油 ……………………… 1湯匙
蠔油 ……………………… 2湯匙
辣豆瓣醬 ………………… 2湯匙
水 ………………………… 2碗半

作法

1 雞肉洗淨切成小塊狀，大蒜剝皮切片，青蔥切粒。

2 油鍋燒熱後炒香蒜片，放入雞肉翻炒，再放調味料，拌勻後加水燒開，改中火燜至湯汁剩1碗半左右就熄火。

3 利用鍋中餘熱把煮好的麵與雞肉湯汁拌合，灑下蔥粒即可。

Point

簡單易做又省時間，是家庭裡最常見的麵食作法。

簡單夠味雞料理

香辣雞麵

2人份

174

咖哩雞麵

2人份

Point

雞肉先炒過可以封
住肉汁,吃起來鮮美
爽口。

材料

意麵	2團
雞胸肉	1片
咖哩	2小塊
洋菇	10個
青椒	1個
紅蘿蔔	1/2條
洋蔥	半個

調味料

芥花油	2湯匙
酒	1湯匙
鹽、醬油	各2湯匙
太白粉水	2湯匙
香油	1茶匙

作法

1 青椒、紅蘿蔔切成片狀,雞肉切
小塊狀,洋菇切片,洋蔥切丁。

2 油鍋燒熱後,放入雞肉翻炒數
下,再下洋蔥、紅蘿蔔一起炒。

3 放入青椒與調味料一同拌炒後,
再放入咖哩塊調拌均勻入味,最
後以太白粉水勾芡。

4 另起一鍋水將麵煮好瀝乾,盛入盤
內淋下咖哩雞即可。

2

3

材料

寬麵	3碗
牛筋	1斤
香菇	2朵
冬筍、紅辣椒	各1支
青江菜	6株
蔥	2支
薑	2片

調味料

滷包	1包
蠔油	3匙
香油、胡椒粉、鹽	各1匙
高湯、太白粉水	各1碗
米酒	半碗

作法

1 牛筋放入滾水中，煮出髒水後洗淨切塊狀，用燉鍋將牛筋與米酒、蠔油、滷包蔥薑燉煮5個鐘頭。

2 冬筍煮熟後切片，青江菜汆燙一下，紅辣椒切粒，麵煮熟盛入盤裡。

3 用一炒鍋放入高湯及燉煮好的牛筋、菜類，最後勾芡加入鹽及胡椒粉，即可淋入麵盤裡，再淋些香油，牛筋麵就大功告成了。

1

Point

牛筋含有豐富的膠質，缺鈣者食用是最佳的營養餐點。

QQ一塊入口即化

牛筋麵

3人份

CHAPTER 4

非麵麵料理

看起來像麵條，卻是米、綠豆，還有黃豆製成的；
看起來不像麵條，卻是麵粉做的。
這些似麵非麵的料體，獨特的口感與視覺驚喜，
讓吃麵有了更多樂趣！

★蟹肉粉絲煲
★泰式炒河粉
★鴨肉冬粉
★炒米粉
★麵疙瘩
★豬蹄麵線
★芋頭米粉湯
★味噌蒟蒻麵
★粿仔條湯
★米苔目湯
★當歸麵線
★蚵仔麵線

原味清甜銀絲

蟹肉粉絲煲

4人份

point

秋天螃蟹肥美,只要新鮮,任何螃蟹做起來都好吃。

材料

冬粉	4捆
花蟹	2隻
薑	2片
蔥	2支

調味料

鹽	少許
米酒	2湯匙
沙茶醬	2湯匙
蠔油	1湯匙
芥花油	2湯匙
香油	1茶匙

作法

1 將螃蟹洗淨,去除腮部剁成4大塊;大螯用刀背拍裂、去掉蟹腳尾端。

2 將處理好的蟹肉用鹽、酒醃漬著備用。

3 冬粉煮熟撈出,沖水瀝乾,加沙茶醬、蠔油拌勻;起一油鍋爆香蔥段,並倒入冬粉拌炒後盛起置入砂鍋。

4 蟹肉放在冬粉上蒸約10分鐘後,灑下蔥花、淋入香油即可。

2

4

材料

河粉	2包
肉絲	2湯匙
洋菇	10朵
綠竹筍	1支
小白菜	4棵
蝦仁	10尾
辣椒	2支

調味料

芥花油	2湯匙
蠔油	2湯匙
醬油	1茶匙
烏醋	1茶匙
鹽、糖	各少許

作法

1 竹筍煮熟切片，辣椒切絲，小白菜切段，洋菇切片，蝦仁挑去蝦泥，肉切絲。

2 油鍋燒熱後，先炒辣椒、肉絲、洋菇、筍片、蝦仁，加入調味料後與河粉燴炒拌勻入味，加小白菜翻炒數次後即可盛盤。

1

2

麻酸辣甜異國料理

泰式炒河粉

2人份

Point

可加入海鮮拌炒，與台式海鮮炒麵不同的是，多加辣椒，口味嗆。

鴨肉冬粉

4人份

Point

作法簡單、清香可口，是另一種截然不同的享受。

材料

冬粉	4捆
鴨肉	1/4隻
嫩薑絲	1湯匙
白果	20粒
枸杞	1湯匙
芹菜末	少許

調味料

米酒	2湯匙
鹽	1茶匙
鮮味粉	少許
香油	1茶匙

作法

1 肉剁成塊狀，用滾水煮一遍倒掉洗淨。白果、枸杞、冬粉均沖洗，芹菜切末。

2 鴨肉放入一鍋中加入薑絲、米酒、白果、5碗水燉煮50分鐘，再放枸杞、鹽、鮮味粉。

3 最後放入冬粉，煮至冬粉變軟即熄火。食用時淋下香油、灑下芹菜末即可。

2

3

材料

埔里米粉 ·······················1板
豬肉絲 ·······················200公克
高麗菜 ·······················1/4棵
魷魚 ·······························半隻
青蔥 ·······························2支
香菇 ·······························2朵
金鉤蝦 ·······················10個
韭菜、紅蘿蔔絲···各2湯匙

調味料

芥花油 ·······················3湯匙
醬油 ·······························1.5茶匙
鹽 ·································半茶匙
胡椒粉、鮮味粉·····各少許

作法

1 米粉浸泡水中，大約20分鐘後撈起瀝乾。

2 高麗菜、香菇均切成絲，韭菜、青蔥切段，魷魚切絲備用。

3 油鍋燒熱先爆香，放蔥段、香菇、金鉤蝦、肉絲後放調味料，再放高麗菜、紅蘿蔔絲翻炒。

4 放入米粉，以中火拌炒免得炒焦，最後放韭菜翻炒至軟即可。

3
4

4人份

夠分量的簡單麵食

炒米粉

Point

炒米粉在台灣家庭裡，幾乎是所有家庭主婦最拿手的一道家中餐食。

1人份

咬勁十足的碗底雲

麵疙瘩

Point

麵疙瘩加任何材料都可以，酸的、辣的，隨你喜歡。

材料

中筋麵粉	1碗
香菇	2朵
鴻禧菇	6朵
肉絲	2湯匙
青江菜	2株
青蔥	1支

調味料

芥花油	2湯匙
鹽	1.5茶匙
香油	1茶匙
胡椒粉	少許
鮮味粉	少許
高湯	1碗

作法

1 麵粉加蛋、水，以及半匙鹽，攪拌均勻至黏稠狀後，再加水淹蓋在麵上，醒1個鐘頭。

2 醒好的麵團以小湯匙挖麵丟入滾水中，浮出後撈起就是麵疙瘩。

3 油鍋爆香蔥段、肉絲、香菇、紅蘿蔔絲，加入調味料後放高湯、水，待滾開後再將麵疙瘩、青江菜放入燒開即可。

1

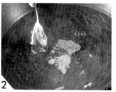

2

182

材料

麵線	半把
豬前腳	1支
當歸	3片
青耆	10片
枸杞	1湯匙
豌豆嬰	50公克
青蔥	2支
薑	3片

調味料

蠔油	2湯匙
米酒	半瓶
鹽	1茶匙
鮮味粉	1茶匙

作法

1 豬腳剁成6塊，去毛洗淨，醃調味料備用。

2 醃好的豬腳放入燉鍋中，加薑片、蔥段、當歸、青耆、枸杞燉煮5個鐘頭。

3 燒一鍋水將麵線、豌豆嬰以大火煮熟，撈起盛入大碗裡，澆上燉好的豬腳、滷汁，就完成了豬蹄麵線。

旺氣長壽麵

豬蹄麵線

4人份

Point

台灣有名的菜式之一，通常是用來慶生、去晦運，這也是一道頗受歡迎、老少咸宜的麵食。

材料

米粉	1包
芋頭	1個
肉絲	2湯匙
韭菜	半斤
金鉤蝦	15粒
香菇	4朵
油蔥酥	1湯匙

調味料

芥花油	2湯匙
蠔油	1茶匙
高湯	1碗
鹽	1茶匙
鮮味粉、胡椒粉	各少許

作法

1 芋頭削皮洗淨,切成3公分長塊狀。韭菜洗淨切段、金鉤蝦泡水5分鐘、香菇泡軟切絲、米粉泡軟。

2 油鍋燒熱,炸香金鉤蝦、香菇、肉絲,放蠔油提味,加入高湯1碗、水4碗。

3 燒開後放油蔥酥、芋頭,煮約5分鐘,再加入米粉、韭菜、調味料即可。

Point

芋頭的香味滲進米粉湯裡,非常鮮美,老祖宗不知傳了幾代,至今還是屢吃不膩。

鬆鬆軟軟的鄉土味

芋頭米粉湯

4人份

日式減肥聖品

味噌蒟蒻麵

Point

蒟蒻不含膽固醇，是減肥的最佳食品。

材料

蒟蒻	1盒
雞胸肉	2片
薑	2片
蔥	1支
紅蘿蔔絲	1湯匙
小黃瓜	1條

調味料

芥花油	1湯匙
味噌	2湯匙
酒	1湯匙
醬油、砂糖	各1茶匙
鹽、香油	各少許

作法

1 蒟蒻汆燙撈出，放入冷水中，取出瀝乾備用。

2 雞肉煮熟撕成絲狀，小黃瓜、薑均切絲。

3 油鍋燒熱炒味噌、薑絲、蔥絲，加入2碗水和勻後放調味料，煮開後熄火。

4 蒟蒻盛入碗中，肉絲、黃瓜絲、紅蘿蔔絲排放在蒟蒻的四周，將湯汁淋上即可。

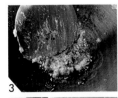
3

4

材料

粿仔條…………2碗
里肌肉……100公克
魚板……………6片
青蔥……………1支
油蔥酥…………2茶匙
豌豆嬰…………1碗

調味料

芥花油…………2茶匙
胡椒粉…………1茶匙
鹽………………1茶匙
香油……………1茶匙
鮮味粉…………少許

作法

1 里肌肉切絲，豌豆嬰沖洗瀝乾，青蔥切段。

2 油鍋燒熱炒蔥段、肉絲、油蔥酥。

3 加水4碗，燒滾後放入粿仔條，烹煮至軟再加魚板、豌豆嬰及調味料，就可盛入麵碗。

Point

不一樣的客家風味，也是台灣街頭小吃最常見的點心之一。

米做的寬麵條

粿仔條湯

4人份

台味烏龍麵

米苔目湯

Point

台灣農家收成時的點心之一，夏天加糖水，冬天則煮米苔目湯。

材料

米苔目	2碗
肉絲	2湯匙
香菇	2朵
油蔥酥	2湯匙
芹菜	2支

調味料

芥花油	2茶匙
鹽	1茶匙
鮮味粉	1茶匙
胡椒粉	少許
香油	1茶匙

作法

1 肉切成絲，芹菜切粒狀，香菇切絲。

2 油鍋燒熱炒肉絲、香菇、芹菜、油蔥酥。

3 加水4碗，燒開加調味料後，放入米苔目煮至軟即可。

3

2

當歸麵線

Point

台灣民間滋補的一道麵食，老少咸宜。尤其是做月子的婦女最喜愛的一種餐點。

2人份

材料

麵線	2捆
鵝肉	1/4隻
當歸	3片
青耆	10片
枸杞	20粒
白果	12粒
薑	3片

調味料

麻油	2湯匙
米酒	半瓶
鹽	2茶匙
鮮味粉	1茶匙

作法

1. 鵝肉先煮過一遍去掉雜質，洗淨後瀝乾備用。

2. 麻油燒熱後炸香薑片，加上水、米酒與鵝肉、當歸、青耆、枸杞、白果，一同以小火燉煮1個鐘頭，至鵝肉煮爛，放鹽、鮮味粉。

3. 麵線用另一鍋水煮熟瀝乾，盛入碗內，淋下燉煮好的當歸鵝肉湯即可。

1

2

材料

麵線	2把
蚵仔	半斤
絲瓜	1條
青蔥	2支

調味料

太白粉	2湯匙
芥花油	1湯匙
鹽	1茶匙
鮮味粉	1茶匙
高湯	1碗

作法

1 絲瓜削皮切片、青蔥洗淨切絲,麵線氽燙即撈起待用。

2 蚵仔洗淨瀝乾後,沾裹太白粉。

3 炒青蔥、絲瓜,加高湯及1碗水,蓋住鍋蓋至絲瓜軟,最後加入蚵仔、麵線再加調味料即可。

2

3

Point

夏天裡最清爽的絲瓜麵線,甜甜的滋味令人回味無窮。

深夜的懷念滋味

絲瓜蚵仔麵線

2人份

小家的美味料理

生活良品72

輕鬆做出123道清爽涼拌菜×健康蛋‧豆腐×家常麵料理

作　　者　田次枝
攝　　影　黃時毓

總 編 輯　張芳玲
企劃編輯　張敏慧、林孟儒
主責編輯　林孟儒
美術設計　何仙玲

太雅出版社
TEL (02)2836-0755 FAX (02)2882-1500
E-MAIL taiya@morningstar.com.tw
郵政信箱 台北市郵政53-1291號信箱
太雅網址 http://www.taiya.morningstar.com.tw
購書網址 http://www.morningstar.com.tw
讀者專線 (04)2359-5819 分機230

出 版 者　太雅出版有限公司
　　　　　台北市11167劍潭路13號2樓
　　　　　行政院新聞局局版台業字第五〇〇四號

法律顧問　陳思成律師

印　　刷　上好印刷股份有限公司　TEL (04)2315-0280
裝　　訂　東宏製本有限公司　TEL (04)2452-2977

初　　版　西元2016年12月01日
定　　價　290元
(本書如有破損或缺頁，退換書請寄至 台中市工業30路1號 太雅出版倉儲部收)

ISBN 978-986-336-145-9
Published by TAIYA Publishing Co.,Ltd.
Printed in Taiwan

國家圖書館出版品預行編目(CIP)資料

小家的美味料理：輕鬆做出123道清爽涼拌菜×
健康蛋‧豆腐×家常麵料理 / 田次枝作. -- 初版. --
臺北市：太雅, 2016.12
　　面；　公分. -- (生活良品；72)
ISBN 978-986-336-145-9(平裝)
1.食譜
427.1　　　　　　　　　　　　　105018553

-----(請沿此虛線壓摺)------

這次購買的書名是：

小家的美味料理　清爽涼拌菜‧健康蛋豆腐‧家常麵料理　（生活良品72）

＊01 姓名：_____　性別：□男 □女　生日：民國_____年

＊02 手機(或市話)：_____

＊03 E-Mail：_____

＊04 地址：□□□□□_____

＊05 你決定購買本書的主要原因是：(選出前三項，用1、2、3表示)

　　□設計美觀　□食譜實用　□簡單好學　□價格合理 □其他_____

06 你是透過何種管道得知本書相關訊息？

　　□實體書店　　□網路書店　　□太雅電子報　　□太雅愛看書粉絲頁　　□太雅BLOG
　　□太雅出版社相關文宣品　　□其他_____

07 你時常關注並固定追蹤，與做菜、廚藝、食譜教學 相關的Facebook頁面為何?(請至少填2個)

1._____　　2._____

3._____　　4._____

08 針對本書，你是否有一些使用上的心得與建議要與我們分享呢？

_____

很高興你選擇了太雅出版品，將資料填妥寄回或傳真，就能收到：1. 最新的太雅出版情報 2. 太雅講座消息 3. 晨星網路書店旅遊類電子報。

填問卷，抽好書 (限台灣本島)

凡填妥問卷 (星號＊者必填) 寄回、或完成「線上讀者情報上傳表單」的讀者，將能收到最新出版的電子報訊息，並有機會獲得太雅的精選套書！每單數月抽出 10 名幸運讀者，得獎名單將於該月 10 號公布於太雅部落格。太雅出版社有權利變更獎品的內容，若贈書消息有改變，請以部落格公布的為主。參加活動需寄回函正本始有效 (傳真無效)。活動時間為即日起～ 2017/06/30

以下 2 組贈書隨機挑選 1 組

放眼設計系列2本

黑色喜劇小說2本

太雅出版部落格
taiya.morningstar.com.tw

太雅愛看書粉絲團
www.facebook.com/taiyafans

旅遊書王(太雅旅遊全書目)
goo.gl/m4B3Sy

線上讀者情報上傳表單
https://goo.gl/kLMn6g

填表日期：_____年_____月_____日

(請沿此虛線壓摺)

| 廣 告 回 信 |
| 台灣北區郵政管理局登記證 |
| 北 台 字 第 1 2 8 9 6 號 |
| 免 貼 郵 票 |

太雅出版社　編輯部收

台北郵政53-1291號信箱
電話：(02)2882-0755
傳真：(02)2882-1500
(若用傳真回覆，請先放大影印再傳真，謝謝！)

(請沿此虛線壓摺)

太雅部落格 http://taiya.morningstar.com.tw

有 行 動 力 的 旅 行 ， 從 太 雅 出 版 社 開 始

(請沿此虛線裁剪)